世界の土・日本の土は今

地球環境・異常気象・食料問題を土からみると

日本土壌肥料学会——編

農文協

はじめに

欧州と中国大陸で風雲急を告げる一九三〇年代半ば、恩師故京都大学名誉教授川口桂三郎先生は下宿屋のおやじと次のようなやり取りをされたことがあったそうだ。

おやじ「あんたは大学で何勉強してんねん？」

先生　（胸をはって）「土壌学です！」

おやじ（呆れたように）「なんで天下の帝大でドジョウ（泥鰌）なんか……」

先生　（真剣な表情で）「どこの土壌がおいしいか、どうすれば土壌がおいしくなるかを研究してます」

おやじ「まあ不景気な折やし、それはエエこっちゃ。せいぜいお気張りやす」

土壌は一般市民にとっては、当時からこのように縁遠い存在であったようだが、近年、その傾向はさらに進行している。戦後七十年の間に小学校の学習指導要領（理科）の「土」なるキーワードは五十二件から一件に激減し、今や約半数の高校生は「土について知りたいとは思わない」と答えている。おりしも国際連合は土壌に対する認識の向上と適切な管理を支援するための社会意識の醸成を目的として、今年二〇一五年を「国際土壌年」と宣言した。

そもそも土壌は人間が農業を開始した六千年以上も前から先人たちの大きな関心事であった。土が万物の起源ないしは基礎であり、私たちの考え方や行動の拠りどころであることは、旧約聖書、ギリシア哲学、陰陽五行説などをひもとくまでもない。しかし、カーターとデールが「文明人は地球の表面を渡り歩き、その足跡に荒野を残した」と、その著『土と文明』の中で一九五五年に警告した土壌劣化は、本書でも後述されるように、メソポタミアやインダスの古代文明を、繁栄後八百～二千年程度の差はあれ、結果的に滅亡に追いやった。同様の過ちは二十世紀前半の合衆国西部でも繰り返され、そのありさまはスタインベック著『怒りの葡萄』で広く世に知らしめられた。しかし今なお、土壌劣化は、ときにはその速度を増しつつ、また、わが国を例外とすることをも許さず、地球の生態系を、さらに私たちの生存そのものを脅かしつづけている。何故このようなことが繰り返されるのか？　土壌保全の大切さ、土壌劣化の恐ろしさを、市民は知らないのか？　専門家がそれを知らせる努力を怠ったのか？　その両者なのか？　いずれにせよ、その責任の多くが、現在と過去を含めた私たち学会員に帰することを真摯に反省しなければならない。

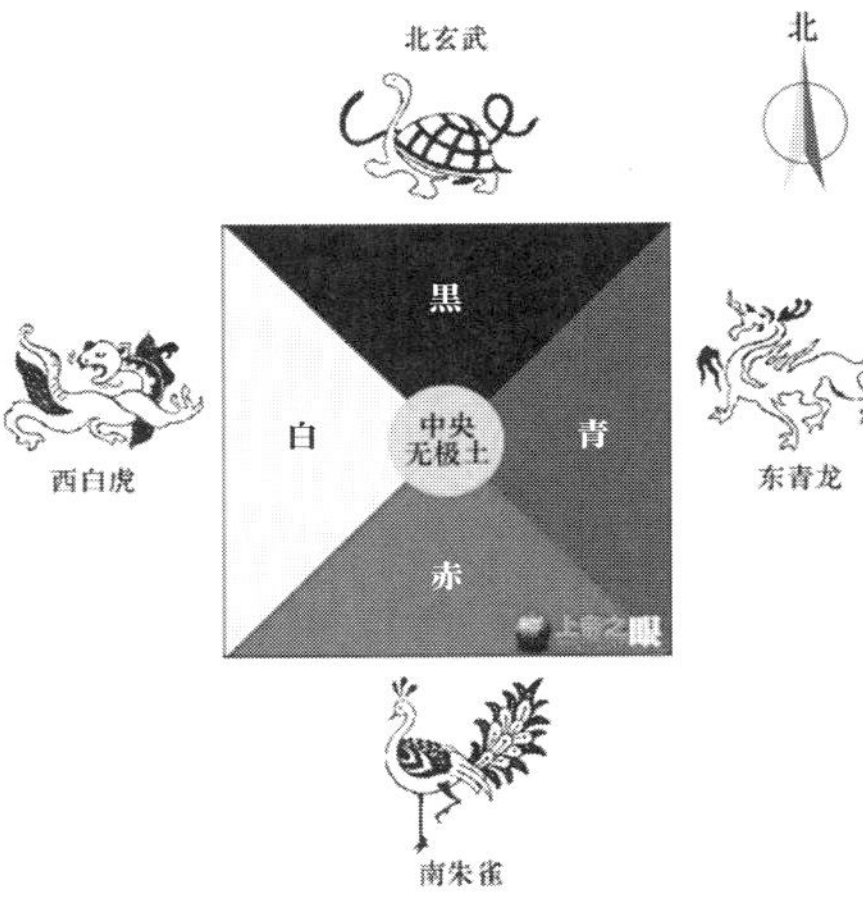

明・清の時代、皇帝が儀式を執り行った社稷壇

「社稷（しゃしょく）を思う」という表現がある。社稷とは国家と解されることが多いが、本来、私たちの生存の基盤となる「土地（社）」と「五穀（稷）」であり、古来、王がそれらの神を祀ることにより、国や民の平安と発展を祈願した。現在、北京紫禁城に近い中山公園には、明・清の歴代皇帝が儀式を執り行なった社稷壇をみることができる。そこには国とその四方の地域を守護する玄武・青龍・朱雀・白虎を象徴する黄・黒・青・赤・白の五色土が敷き詰められている（写真・図）。現代に生きる私たちの姿を「宇宙船地球号」とたとえられて久しいが、その意味では、社稷は国家より地球規模で捉えることが必要であり、まさに文字通り当土壌肥料学会が取り組むべき課題そのものである。学会はその研究成果の教育・普及を通して生態系の保全と人類の持続的発展に寄与することにより、先の四神たらんとしている。

　本書は土壌劣化に焦点をあてて、土壌の適切な管理の大切さを訴えている。読者諸氏におかれては、各章の細部でやや難解な専門的語句や数値に遭遇することがあっても、先に読み進まれることをお願いしたい。そうすれば、必ずや当学会の「社稷を思う」心を一にする志士たちの愚直なまでの、しかし、着実な研究に裏付けられた熱きメッセージを読み取っていただけるであろう。そして、読者ご自身が周りの市民の方々に私どもの思いを語り広めていただければ、それは望外の喜びであるが、実はそれこそが国際土壌年の一番の目的でもある。さて、どれだけ多くの市民の方々と私たちの思いを共有できるか。それは私たちにとって大きな試練でもある。

二〇一五年三月

小﨑　隆（日本土壌肥料学会会長）

目次

PART 3 世界の土壌　日本の土壌

PART 4 田んぼの土を考える

PART 5 食と農業から土壌と環境を考える

＊各記事に付した「編集子」のコピーは、農文協編集担当者が執筆。

私たちにとって土とは何だろう

波多野隆介（北海道大学）

土壌の役割を歴史から考える

地球上での土壌の役割の最も重要なものは、言うまでもなく植物生産である。植物生産が土壌を土壌たらしめている。それは、土壌は単に岩石の砕けたものではなく、植物が生産した有機物が加わって出来上がった自然物だからである。

土壌は、植物の生産を起点にして、食物連鎖によりすべての陸域生物を養っている。土壌微生物は、有機物を分解して元素を循環させる。また、土壌は降水を保持して洪水を緩和し、蒸発散により水を循環させる。土壌の浸透水に溶け込んだ栄養塩類は、河川、湖沼、海へと輸送されて、水圏生物を養っている。それだけではない。土壌植物系は温室効果ガスの主要な発生源、吸収源であり、それを通して地球の気候の恒常性に寄与している。

しかし、これらの機能は、不適切な土壌管理により簡単に失われてしまうことを人類の歴史は教えてくれている。

歴史に見る農法の変革

人類は、土壌の植物生産機能に灌漑、排水、施肥を加えることで、作物収量を向上させてきた。灌漑は文明の基礎であった。紀元前4500年頃にはチグリス・ユーフラテス川流域では灌漑農業が確立され、気候変動で地域の乾燥化が進んで土壌の侵食や塩類化が深刻になるまでの2500年間、メソポタミア文明を栄えさせた。インダス川流域では、紀元前2600年頃には灌漑排水農業が行なわれ、それがインダス文明を支えた。しかし、地殻変動による河道変化や、気候変動による乾燥化、森林の伐採による侵食などで土地が退化し、紀元前

ふだんは意識することもない「土」。しかし、近年頻発する様々な地球規模での異常気象や地球温暖化、さらには急速に進む土壌劣化が、実は、私たち人類が、より豊かな食料を、より便利で快適な社会を求めて土に働きかけてきた結果だった……。著者は、植物を生産する土の機能を維持することに、人類の持続可能性の原点を見る。（編集子）

１８００年頃にはインダス文明も滅亡したとされている。

15世紀になると、ヨーロッパではこれまでの夏作、冬作の「二圃式農法」から、土地を休ませ地力を回復させるための休閑地を設ける「三圃式農法」が主流になった。さらに18世紀には家畜が導入され、その糞尿を肥料として利用するため飼料作物が導入され、「輪栽式農業」が確立することになる。とくにイギリスの「ノーフォーク農法」では、休閑の代わりにマメ科牧草の導入により地力の向上が図られた。しかし、地力の向上についての科学的根拠は、その当時は解明されていなかった。その発見は、１８４０年に窒素が植物栄養であることを発見した、リービッヒの登場を待たなければならない。そこから大きな進歩が起こったのである。

リービッヒは、植物は光合成により無機元素から有機物を生産していること（無機栄養説）、収穫した分の元素は土壌へ補充してやらなければならないこと（償還の法則）、作物の収量は土壌に最少の栄養元素により制限されること（最少養分律）を明らかにした上で、「したがって、ただやみくもに元素を与えるのではなく、畑の養分比率に配慮して、それが栽培作物に最良となるように努める必要がある」ことを示した（施肥の法則）。１８８６年にはヘルリーゲルが微生物による窒素固定を発見し、窒素固定菌を共生するマメ科作物が土壌の生産性を向上させることを明らかにし、１９１３年にはハーバー・ボッシュの化学的窒素固定の確立により、化学肥料が開発された。

20世紀の人口急増を支えた農業技術の光と影

ＦＡＯ（国際連合食料農業機関）の統計から得られる１９６０年から２０００年の世界の人口、穀類生産量、耕地面積、窒素肥料施与量の推移を見ると、穀類生産量は約10億ｔから20億ｔに倍増し、その間に人口は30億から60億へと増加しており、食料生産の伸びに比例して人口が増加してきたことがわかる。この間、世界の農地はほぼ14億ha（地球陸域面積の10％）とほぼ一定で、大きな変化はない。一方、窒素化学肥料の使用量は１０００万ｔから８０００万ｔへと、８倍となっている。すなわち、食料生産の増加を可能にしたのは、窒素化学肥料の施与に代表される農業技術の進歩だったといえる。

世界の人口は1世紀初頭に1億人程度、10世紀初頭に2億人、19世紀初頭に10億人、20世紀初頭に17億人、20世紀半ばには25億人、20世紀末には60億人と爆発的に増加し、現在70億人を超え、21世紀半ばには90億人に達すると予測されている。20世紀の農業技術の土壌への投入が、いかに人口増加に貢献したかを端的に示す数字である。かつて２０００年近く続いたメソポタミア文明の滅亡が、土壌劣化と気候変動によるものだったことを思えば、わずか１００年程度の間に世界規模で生じた食料生産の劇的な変化に、土壌はどのような影響を受け、どのような状態になっているのかを明らかにすることは、地球と人類の今後を占う上で重要な情報となる。

この１００年間の劇的な変化を、人間活動による環境への影響、土壌への影響について見ていくことにしよう。

土壌と環境問題との相互作用

顕在化してきた諸問題

20世紀、人口の増加とともに活発化した経済活動は、化石燃料の消費を増加させた。これは、二酸化炭素の排出量を増やし地球温暖化を進める原因となっているが、当初は、窒素酸化物、イオウ酸化物の排出による大気汚染、さらに酸性雨による生態系被害が深刻な問題であった。１９７０年以降、ヨーロッパで顕在化した酸性雨による森林衰退は世界に広がり、樹木の衰退に伴う土壌侵食、渓流水汚染が顕在化した。さらに、先進国では、過剰な灌漑による塩類化、アルカリ化、大型機械の走行による土壌踏圧、過剰な化学肥料施与による地下水への硝酸イオンの汚染が現われ、アンモニア揮散、亜酸化窒素の排出も問題になり始めた。一方、発展途上国では、過放牧、過剰な薪炭林の伐採、移動耕作の短縮化による生産性の低下が問題となり始めた。

このように、先進国、発展途上国を問わず、侵食、踏圧、塩類化、アルカリ化、酸性化に加えて、水汚染、大気汚染、温室効果ガス排出などの土壌劣化が懸念され始めたのである。１９９０年代には、世界全体ではおよそ10億haの農地土壌が、侵食、踏圧、塩類化、アルカリ化の影響を受け、その割合は、水食が45％、風食が42％と大きく、塩類化、アルカリ化が10％、踏圧が３％となっている。地域的には、アフリカ、アジアといった開発途上国で、全体の70％を占めている。

土壌と温室効果ガス

１９９０年以降、二酸化炭素をはじめとする温室効果ガス排出量の増加による、地球温暖化が大きな問題となってきた。ＩＰＣＣ（気候変動に関する政府間パネル）の２０１４年の報告書によると、１７５０年の産業革命以降の総排出量は５４５０億ｔで、石炭石油の燃焼により３６５０億ｔ、森林などの開発で１８００億ｔとされている。一方、大気から吸収された炭素量は３０５０億ｔで、その内訳は、植物の回復によって生態系に増加した炭素量が１５００億ｔ、海に吸収された炭素量が

1550億tである。排出量と吸収量の差は大気中に増加した二酸化炭素で、2400億tとなっている。この増加量は、1750年当時の大気中の二酸化炭素量5890億tの41%にも相当する。これが、温暖化の最大の原因となっている。土壌植物生態系は、二酸化炭素の吸収源であるとともに発生源でもあり、過去からの人間活動により、生態系は炭素を減らしていることがわかる。

温暖化は、気温上昇ばかりでなく、干ばつ、大雨、熱波、異常低温といった気候変動をもたらし、植物生産を不安定なものにして土壌劣化を助長する。異常気象により作物収量が低下すると、穀物価格の高騰を招く。異常気象年による穀物価格の高騰は、1972年に世界規模で顕著に見られ、平均3倍程度に上昇した。1t当たり米が650ドル、大豆が400ドル、小麦が200ドル、トウモロコシが150ドルとなった。その上、期末在庫率が、世界レベルでの安定供給の目安とされる18%を下回って15%まで低下し、食料安全保障上の危機状態となった。

その後、1980年に米国で熱波、1981年に中国とイランで天候不順、1988年に米国で干ばつ、1993年に米国で大雨、日本の大冷害、1995年にインドネシア、タイ、フィリピンで大雨、米国で天候不順などにより、穀物価格は大きく変動する。2000年代以降、異常気象の頻度が高まるとともに規模も大きくなり、穀物価格は1972年の水準で高止まりになっている。2003年以降は、世界の穀物の期末在庫率が20%前後に低下し、食料安全保障上の懸念が生じている。どのような異常気象がどのような規模で起こっているのか、作物生産にかかわるものを列挙すると以下のとおりである。

2002年：米国、カナダ、オーストラリアで天候不順
2003年：米国で高温乾燥
2006年：オーストラリアで大干ばつ、インドネシア・マレーシアの大雨
2007年：ヨーロッパで天候不順、オーストラリアで干ばつ
2009年：ヨーロッパで熱波、アルゼンチンで干ばつ、オーストラリアで熱波、中国東部で干ばつ、フィリピンで大雨
2010年：ヨーロッパで高温、ロシアで干ばつ
2011年：米国で高温乾燥、オーストラリアで大雨、インドシナ半島の大雨
2012年：米国で高温乾燥
2013年：ヨーロッパで大雨、インドで大雨、中国

中部から朝鮮半島北部で大雨、中国南部で高温乾燥、ロシア極東域で大雨、インドシナ半島で大雨
２０１４年：米国で干ばつ、オーストラリア南部で高温、ブラジル南部で高温・多雨、カリブ海周辺で高温、アフリカ西部で高温、ヨーロッパで高温多雨、インド・ネパール・パキスタンで大雨、中国北東部・東部で干ばつ、マレーシア・インドネシアで高温、フィリピンで大雨、西シベリア南部で低温、日本で大雨。日本での夏の大雨が、洪水と土砂崩れなどによる大被害をもたらしたことは記憶に新しい。

乾燥地における高温、干ばつ、熱波は灌漑水の使用量を高め、塩類化、アルカリ化を進める原因となるとともに、山火事、風食のリスクを高める。大雨は水食を起こすとともに、土砂災害による土地の退化のリスクを高める。このように、異常気象、極端現象は、土壌劣化を決定的なものにする。災害は食料生産とともに水供給を断絶し、インフラや住居へ直接損害を与え、衛生状態を悪化させ、伝染病を拡散させることなどで人間の健康へ強く影響し、とくに貧困層の生活を圧迫し、暴力的紛争の契機になるとも言われている。

環境をめぐる世界の動き

人間活動の環境へのインパクトが持続性を失わせることに対して警鐘を鳴らしたのが、１９８７年の「環境と開発に関する世界委員会（ブルントラント委員会）」である。その当時の人口は約50億であった。委員会では、無節操な開発が土地を劣化させることに対して、「持続可能な開発」が提案された。その後、１９９２年リオ・デ・ジャネイロで開催された地球サミット（環境と開発に関する国際連合会議）において、「アジェンダ21」（21世紀における持続可能な開発を実現するために各国および関係国際機関が実行すべき行動計画）が採択。翌年の１９９３年には、ガット・ウルグァイ・ラウンド「農業と環境の関係」を合意した。

１９９７年には、ＣＯＰ３（第３回気候変動枠組条約締約国会議）が京都で開かれる。この会議において、気候変動に関する国際連合枠組条約の「京都議定書」が採択された。京都議定書では、２００８年から２０１２年までの期間中に、先進国全体の温室効果ガスの排出量を、１９９０年に比べて5・2％削減することを目的としていた。日本は6％を削減することを約束したが、その後の年平均排出量は1・4％増加することとなった。ただし、森林吸収源対策、都市緑化対策で3・9％減、海外からのクレジットの購入などを合わせて、最終的には8・4％減とした。また、２０１３年から２０２０年までの8年間を第2約束期間として、その間に排出量を

1990年の水準から少なくとも18％削減することを目的としたが、近年、インドや中国などの発展途上国からの排出量が著しく増加しており、それらの発展途上国を含まない、先進国中心の「京都議定書」の効果が問われている。

人間活動が土壌を劣化させ、気候変動を助長し、そのことがさらなる土壌劣化を招くという、負の連環がある。その負の連鎖を断ち切るために、現在も議論は続いている。

土壌中の炭素量の減少と農業

地球温暖化に深くかかわっているとされる土壌中の炭素について、もう少し詳しく見ておくことにしよう。

土壌中に蓄積している炭素量は1兆5000億tとされ、植生が持つ炭素量の4500億tの約3倍に相当する。ここで言う炭素量とは、有機物に含まれているものである。土壌の炭素量は1750年以降310億t減少したとされている。数値だけを比べると、化石燃料の燃焼で排出された炭素量3650億t、大気中に増加した二酸化炭素中の炭素量2400億tに比べて小さく、土壌の炭素量のわずか2％に過ぎないように見える。しかし、決して無視できない。というのは、膨大な土壌炭素のごくわずかがなくなるだけでも団粒構造が壊れやすくなり、物理的土壌劣化にインパクトを与え、温暖化に強い影響を与えるからである。

1980年以降の30年間は、土壌植物生態系から11億tから15億tの炭素の放出が起こっているとされる一方、大気中の二酸化炭素の増加で植物の光合成量が増加し、15億tから26億tの炭素が植物に吸収されていると言われている。地球全体では、土壌と植物の収支は改善されているように見えるが、実際は炭素が消耗しつつある農地土壌と、大気の二酸化炭素濃度の上昇により炭素を取り込んでいる自然植生が、全く別の場所でそれぞれ存在している状態にあるのではないかと思われる。

というのは、一つには農地からは有機物を持ち出していること、もう一つは、土壌中の炭素量は、耕耘すると分解が加速化されるからである。

耕耘は地表面の有機物を破砕し土壌中に混入し、土壌を膨軟にして、酸素ガスを土壌中に拡散しやすくする。その結果、土壌微生物の活動を活発にし、有機物分解を促進する。つまり、土壌の有機物は、耕作を繰り返すことにより、徐々に減っていくことになるのである。また、耕耘して土壌に酸素が入ることで、硝化も活発になり、硝酸イオンが生成されやすくなる。しかし、降雨により土壌水分が増加すると、脱窒が起こりやすくなる。それだけでなく、大きな降雨時には硝酸イオンの溶脱も起こる。また、耕耘による土壌踏圧の問題もある。耕耘は土壌劣化の大きなリスクであり、耕耘を最小限にすることを検討する必要がある。

農業が及ぼす環境への影響

アンモニア揮散、窒素流出、温室効果ガス排出などの環境への負荷が、農業生産活動の過程で少なからず生じる。作物収量の増加のために、灌漑、排水、耕耘を行ない、化学肥料や堆肥を施与すると、土壌中の水と空気および栄養状態が、植物とともに土壌微生物の活動にも適したものになる。しかし、周りの環境も含めて考えると、それらは好ましいことばかりではない。

例えば、窒素施肥により、土壌中の硝酸イオン濃度が上昇すると、植物の硝酸イオンの吸収量は増加し、植物の生育は良くなる。ところが同時に、浸透水中の硝酸イオン濃度も高まり、地下水を汚染するようになる。また、土壌微生物や根の呼吸により、土壌中の空気は酸素ガス濃度が低下しやすく、アンモニアや二酸化炭素、メタン、亜酸化窒素（一酸化二窒素）といった、温室効果ガス類の濃度が上昇しやすくなっている。堆肥や化学肥料の施与は、土壌内のこれらのガス濃度を上昇させ、土壌中と大気中のガス濃度に差ができると、濃度の高い方から低い方へガス拡散が起こる。こうして、土壌へは大気から酸素ガスが吸収され、土壌から大気へはアンモニアや温室効果ガスが排出されることになる。

アンモニア揮散　有機物の分解に伴うアンモニア揮散は、19世紀末には９００万ｔだったものが、20世紀末には化学肥料施与量の増加と家畜生産の増加により、４３００万ｔへと約5倍になったと見積もられている。アンモニアが生成することでpHが上昇することが揮散の原因である。硫酸や塩素などの酸根を持たない尿素や有機質肥料は、有機物分解によりpHが上昇し、アンモニアを大気に揮散させる。大気中に揮散したアンモニアは、アンモニウムイオンとなって、約50％が発生源の近傍に降下する。残りは大気中を移動し、遠く離れた森林へも降下する。

土壌へ降下したアンモニウムイオンは、硝化されて硝酸イオンとなる。この硝化を起こす土壌微生物の一部は、メタンを分解し二酸化炭素を放出、つまり１００年間の積算で、二酸化炭素の25倍の放射強制力を持つ温室効果ガスであるメタンを分解していたメタン酸化細菌である。家畜の反芻胃や、水田、湿地が主要なメタン発生源であるのに対して、森林土壌や草地土壌はメタンの吸収源。すなわち、森林土壌へ降下するアンモニウムイオンが増えると、メタン酸化菌はアンモニウムイオンの硝化に働くためにメタンの分解が阻害され、温暖化を抑制する能力が衰退する。

また、硝酸イオンは陰イオンなので、土壌の陽イオン交換容量（ＣＥＣ）に吸着されないため土壌から流出しやすく、渓流水を汚染する原因になる。ヨーロッパの例では、無機態窒素の降下量が年間ha当たり10kgを超えると、渓流水への硝酸イオンの流出が急速に増加することが報告されている。

窒素の流出　陸域から水圏への窒素の流出が顕著になり、飲用水汚染、河川水汚濁、湖沼や沿岸域での富栄養化が各国で問題になっている。地球規模で見ると、窒素の陸域から海洋への流出は19世紀末には５００万ｔだったものが、化学肥料施与量の増加に伴い、20世紀末には２０００万ｔへと約4倍になったと見積もられている。窒素化学肥料施与量の増加はアジアで著しく、ＦＡＯの統計によれば、１９６０年から２０００年までに、年間ha当たり５kgから97kgへと19倍増。この間、世界平均で9kgから60kgの６・７倍に増加しているが、他の地域はすべてこの増加量に達しておらず、アジアでの窒素化学肥料施与量の増加は際立っている。

一方、年間ha当たりの穀物収量は、１９６０年から２０００年までに、世界で６８１kgから１４４１kgへと２・1倍となったのに対し、アジアでは７８９kgから１９０７kgの２・4倍となっている。確かに窒素化学肥料施与量が多いほど収量も高くなっているが、窒素化学肥料施与量の増加が、効率良く収量の増加に結びついているわけではない。施与した窒素当たりの収量、つまりは見かけの窒素利用効率で比較すると、世界平均では、１９６０年の効率は76だったのに対して、２０００年には24に低下。アジアだけで見ると、１５７から20へ低下している。この窒素利用効率の低下が、陸域から水圏への窒素の流出を増加させているのである。

窒素の流出は、流域の土地利用に大きく依存している。流域の農地率と、流域を流れる河川水の窒素濃度には強い相関関係があり、農地は窒素の流出源となっている。ただし、流域に湿原が含まれると、窒素濃度の上昇を抑制する効果がある。

北海道の道東、別寒辺牛川流域、標津川流域の２つの流域での調査例を見ると、両者とも農地の95％以上が牧草地であり、草地当たりの家畜密度もほぼ等しく、両流域ともに土壌は火山灰由来の黒ボク土である。農地率と硝酸態窒素濃度の関係を見ると、別寒辺牛川流域で硝酸態窒素濃度が約10％低くなっていた。流域間で大きく異なるのは湿地の存在で、別寒辺牛川流域では下流域の別寒辺牛湿原が全流域面積の15％を占めるのに対して、標津川流域では下流域に広がっていた湿地帯が河川の直線化により草地に造成され消滅していた。

自然湿地は、窒素の吸収源になる。また、ときどき地下水位が高まり湛水する河畔林も窒素を除去する。そのメカニズムは次のようなものである。これらの土地の湿った土壌中では酸素ガスが少なく、微生物が活動するための呼吸に、硝酸イオン（NO_3^-）に含まれる酸素（Ｏ）を使うからである。これを脱窒と言うが、自然湿地は土壌水中の硝酸イオンを窒素ガスに変えて大気に放出し、土壌水を浄化していたのである。自然湿地や河畔林のような窒素を浄化する生態系の保全は、環境への窒素流出を抑制するために必要であることを認識すべきである。

温室効果ガス排出　２０１４年に発表されたＩＰＣＣの報告書によれば、２０１０年の人間活動により一年間に排出された温室効果ガスの総量は、二酸化炭素（CO_2）換算で４９０億ｔに上っており、過去10年の年平均増加率は２・２％で、それ以前の増加率１・３％を大幅に上回っていた。この大気中の温室効果ガスの濃度上昇が、地球温暖化を招き、気候変動の原因となっている。温室効果ガス排出の内訳は、化石燃料の燃焼と工業プロセスによる二酸化炭素排出が65％を占め、農業、林業および土地利用変化による二酸化炭素排出が11％、メタン排出が16％、亜酸化窒素排出が６・２％、フロン類が２％占めている。

土壌は、二酸化炭素、メタン、亜酸化窒素の発生源であり、メタンの排出量の11％は水田から排出され、亜酸化窒素の排出量の59％は窒素肥料の施与により生じている。

土壌の最も大事な機能は、冒頭にも述べたように、植物を生産する機能である。この機能が、人口を支え、生態系を支え、環境変動を緩和してきた。私たちの暮らしに土壌はなくてはならないものである。それにもかかわらず、土壌は、不適切な管理により環境への汚染源になり、破壊され無残な状態になれば、土壌が悪かったかのごとくに思われる存在となる。しかし、土壌は本来、その場所でその生態系とともにある自然物であり、環境の一部なのである。これまで人類は、土壌の機能に頼りすぎてきたのではないか。過度な依存に対して、そろそろ考えなおさねばならない時期にきているように思う。私たちは今、頻発する異常気象、極端現象に対して、土壌を保全し強靭化するにはどうするべきかを考えなければならない。そこに、人類の持続可能性の原点があると思うからである。

サヘル地域は、サハラ砂漠の南側に広がる半乾燥地帯だ。砂漠化によって森は消え、慢性的な食糧不足に見舞われる。乾季の強い東風によって、100年かかって蓄積された土壌が、たった1年間で吹き飛ばされる。飛ばされた土壌はどこに行くのか？　著者たちが発見した事実から生まれた「耕地内休閑システム」は実に感動的！（編集子）

世界の土壌は今　土壌劣化の現実

砂漠化と風食
アフリカ・サヘル地域

伊ヶ崎健大（国際農林水産業研究センター）

砂漠化と聞いて何を想像されるだろうか。筆者の経験では、多くの方は砂丘が押し寄せて町を飲み込む情景を想像されるようである。もちろんこの様な砂漠化も世界を見渡せば存在するのだが、実際にはそれほど多くはない。それでは、いったいどの様な砂漠化が多いのだろうか。

二つの砂漠化

砂漠化の現状をお話しする前に、まず砂漠化の定義を確認しておこう。

誤解を恐れずに簡単に書けば、砂漠化とは「我が国より雨の少ない地域の農地、牧地、林地において、人間にとっての土地の生産性が低下する現象」であり、日本語の〝砂漠化〟から想起される「土地が砂漠の様になる現象」よりも広い概念を持つ言葉である（詳細な定義は「砂漠化対処条約（UNCCD）」の第一条を参照されたい）。つまり、雨の少ない地域で人々が土壌の管理を誤り、作物や牧草や木材が以前に比べて収穫できなくなれば、それも砂漠化であり、必ずしも土地がいわゆる砂漠の様に、植物がほとんど生えない状態になる必要はない。また、牧地で過剰な放牧により有用な牧草が減り、家畜が食べられない植物が増えた場合には、植生量（植物の量）はむしろ増加することすらあるが、これもまた人間にとっての土地の生産性は低下していることから、砂漠化に該当する。

このように砂漠化とは非常に広い概念であるため、その原因も地域によって多様である。一般的にいえば、人間の不適切な土地の利用（過耕作、過放牧、過度の薪採取）の結果として引き起こされる風食（風によって土壌が削られる現象、写真1）、水食（水によって土壌が削られ

写真１　風食を引き起こす雨季初期の嵐

る現象：「水食」の項参照）、塩類化（土壌に塩類が溜まる現象：「土壌塩類化」の項参照）、土壌有機物の減耗（土壌中の有機物が減る現象：「有機物減耗」の項参照）が挙げられる。

ここまで読み進めてきて、砂漠化の原因に、干ばつや降水量の低下を挙げていないことを不思議に思う方もいらっしゃるかもしれない。これには理由がある。実は、砂漠化には二つの概念が存在するためである。日本語ではいずれも砂漠化（場合により沙漠化）と訳されるが、一つ目の砂漠化がDesertificationと呼ばれるもので、もう一つがDesertizationと呼ばれるものである。いずれも定義が一つに定まっている訳ではないが、専門家の間では概ねDesertificationは人間活動に起因する砂漠化を指し、Desertizationは人間活動に起因する砂漠化とともに、人間活動に関係しない要因（例えば人間活動に由来しない干ばつや気候の変動など）に起因する砂漠化も含む概念として理解されている。「砂漠化対処条約」や国際社会では、急激に土地の劣化が進む前者のDesertificationを主に対象としていることから、ここでも、人間活動に起因する砂漠化Desertificationを対象とする。

それでは、砂漠化の具体的な事例と、それに対する我が国の取り組みの一例を見ていくことにしよう。ここでは、世界でもっとも砂漠化の危険性が高いとされ、また砂漠化によって食糧安全保障が脅かされている、アフリカ・サヘル地域の事例を取り上げる。アフリカでの砂漠化は、砂漠化対処条約でも、また２０１５年を国際土壌年と定めた国連総会の決議文でも特記されており、その解決は全世界を挙げて取り組むべき喫緊の課題である。

サヘル地域の農業と砂漠化

さて、皆さんはサヘル地域をご存じだろうか。恐らく多くの方は「ノー」だろう。そこでまず、サヘル地域の紹介をしたい。

畑の収量は日本の10分の1以下

サヘル地域は、サハラ砂漠の南に位置する年降水量が２００～６００㎜の地域で、最貧国に数えられるセネガル、モーリタニア、マリ、ブルキナファソ、ニジェール、チャドの6ヶ国にまたがっており、南北約400km、東西約4000kmの広がりを持っている。降雨は5月～10月の雨季（特に6月～9月）に集中し、11月～4月の乾季にはほとんど雨が降ることはない。人口はおよそ5000万人である。ここには、相対的に養分の少ない、極めて砂質な土壌が分布している。これは、この地域の土壌が最終氷期の最寒冷期（およそ2万年前）に、サハラ砂漠から風で運ばれてきた砂が元となって土壌ができあがっているためである。

サヘル地域で栽培されている主穀物は、イネ科作物の中で最も乾燥耐性が高いものの一つであるトウジンビエ（英名：Pearl millet 学名：*Pennisetum glaucum*(L.)R.Br.）で、栽培限界（年降水量がおよそ300mm）よりも雨の多い地域で栽培がされている。降水量が栽培限界を下回る地域では、遊牧を基調とした牧畜が営まれている。日本の農業との大きな違いは、サヘル地域では経済的な余裕がないため施肥がほとんど行なわれず、また十分な水が得られないため、灌漑もほとんど行なわれていないという点である。作物が異なるため単純な比較はできないが、大雑把にいえば、サヘル地域の畑の単位面積当たりの収量は、日本の10～20分の1にすぎない。

1年で100年分の土壌が消えていく

このようなサヘル地域ではどの様な砂漠化が起こっているのだろうか。ここでの砂漠化の直接的な原因は、風食であるとされている。風食は風によって土壌が削られる現象(風による蝕)であるが、より具体的には、ハルマッタン（乾季の季節風）と雨季初めの寒冷前線に伴う嵐（日本でいえば春一番に近い）の際に、畑の表層土が吹き飛ばされる現象である。なぜサヘル地域で風食の被害が大きくなるかといえば、それは乾季と雨季の初期、まだ作物が播種されておらず雑草もほとんど生えていない裸地に近い状態（つまり地表面を風から守るものがない状態）の畑に強い風が吹くためである。

では、風食によってどのように土壌が劣化（土壌の生産性が低下）するのだろうか。サヘル地域では、風食によって畑から年間4～5mmの表層土が失われる。この意味を考えてみよう。

土壌学の世界では「1年で0・7t／haの土壌が生成する」といわれる。もちろん場所によって生成速度も異なるが、サヘル地域の土壌もこの速度で生成したとすると、風食によって年間4～5mmの表層土が失われるサヘル地域では、約100年の時を経て生成された貴重な土壌がたった1年で失われることになる。直感的にはこれが風食の恐ろしさである。

風食によって作物が利用できる水も半分に

もう少し科学的に考えてみたい。一般に土壌は、地表面から養分の元である植物や動物の遺骸が供給されるため、地表面に近いほど養分に富んでいる。またサヘル地域の場合、地表面に近いほど土壌の透水性がよい（雨がよく浸み込む）。このような土壌が風食に晒されるとどうなるだろうか。まず、風食ではもっとも養分に富む土層から先に失われるため、土壌中の養分量が急激に低下し、生産性も低下する。このことは、水食でも起こり得る。

アメリカでは、年間０・５～１㎜以上の速度で表層土が失われた場合、畑の生産性が低下するといわれている。サヘル地域の場合、風食の影響はこれに止まらない。透水性の高い最表層の土層が年間４～５㎜の速度で失われると、すぐには雨がなかなか浸み込まない土層が地表面に露出してしまい、作物が利用できる水の量が40％減少してしまうのである。つまり、サヘル地域では畑が風食に晒されると、作物が利用できる土壌養分も土壌水分もその量が急激に減少し、土壌劣化（土壌の生産性の低下）が引き起こされるのである。

このように書くと、強い風が吹くようになったのは最近のことではないにもかかわらず、なぜ砂漠化の問題がここ30年でクローズアップされるようになったのか、不思議に思う方もいるかもしれない。もちろん、最近になって風食が発生し始めたわけではない。風食は、乾燥地で強い風が吹いている以上、また土地を畑にする以上、サヘル地域に限らず必ず起こる現象である。しかし、30年以上前のサヘル地域では、風食が必ずしも深刻な土壌劣化を引き起こしていなかった。その理由は何だろうか。

砂漠化の引き金と対策の模索

ここで、従来のサヘル地域の農法（およそ１９８０年までの農法）による土壌管理を紹介したい。一般に、人口に比べて土地に余裕があったため、十分な休閑期間を設けて耕作が行なわれていた（20年程度の休閑と5年程度の耕作のサイクル）。この農法により、風食で土壌養分も土壌の透水性も低下するものの、その影響が顕在化する前に畑を休閑に戻すことで、土壌を再生できていたと考えられる。しかし、このような農法は失われて久しい。その一番の理由は、人口増加（最近30年で人口が２倍以上に増加）と、遊牧民の定住化による農家一世帯当たりの農地の減少である。サヘル地域では、現在多くの畑が十分な休閑期間を設けずに耕作されており（休閑期間が4年以下）、その結果、土壌養分は急激に減耗し、土壌に浸み込む雨の量も激減している。ここで大事なことは、サヘル地域の砂漠化が国家の無理な農業政策や企業による経済性を優先した不適切な土壌管理ではなく、慢性的な食糧不足に苦しむ人々が日々の食糧を得るために行なう営みに起因しているということである。つまり「止むに止まれぬ」事情に根差しており、これがサヘル地域の砂漠化問題の難しさといえる。

それではこの問題に対して、我々はどの様に対処すべきだろうか。筆者の経験では、砂漠化の対策として植林を思い浮かべる方が多いように思う。「緑が無いなら植えればよい」という発想に基づく過度の植林や外来種の植林は、乾燥地や半乾燥地での水循環や生態系を撹乱し、新たな環境破壊を引き起こす可能性があることから細心の注意が必要であるが、確かに防風林の設置は風食対策の一つのオプションである。しかし、降雨の少ない地域では、高木が必要とする水分量を灌漑なしで確保することは難しい。それでは、背の低い灌木で防風林を作ってはどうだろうか。これは、場所によっては現実的なオプションになりうる。しかし、一般に防風林による風速の軽減効果は樹高の10倍程度の距離に限られるため、数十m毎に防風林を設置する必要が出てしまい、多くの場所では現実ではない。また、サヘル地域に限っていえば、灌木の枝は燃料として刈り取られてしまう可能性が高いため、灌木を防風林として維持するのは非常に難しい。

防風林の設置以外の対策としては、どのようなものが考えられるであろうか。サヘル地域では、現在までに風食の対策技術として、畝立てと作物残渣（収穫後のトウジンビエの茎と葉）によるマルチング（土壌の被覆）が提案されている。前者は畝を15㎝程度立てることで、風に対する地表面の抵抗を上げて風速を抑えようとする方法である。後者は、作物残渣を畑の地表面に敷き詰めて、風から地表面を保護するものである。しかし、これらの技術はその風食抑制効果が実証されているにもかかわらず、現地の農家にはほとんど採用されていない。なぜだろうか？

これには、サヘル地域特有の事情が深くかかわっている。前者の畝立てについては、これまで畑では畝立てが行なわれておらず、農民が必要な器具を持っていないためであり、また後者の作物残渣によるマルチングについては、収穫後の茎葉は、建築資材、家畜の飼料、燃料として利用されており、そのほとんどが畑から持ち出されてしまうためである。

このように、サヘル地域での砂漠化対処は、従来の対策技術だけでは解決することができず、より農民が取り組みやすい対策技術の開発が強く求められる。

飛ばされた土の行方が教えてくれた解決策

最後に、この問題に対する我が国の取り組みの一つとして、筆者らの研究を紹介したい。きっかけは、先に紹

写真２　「耕地内休閑システム」の効果

介した風食による砂漠化メカニズムを解明しようと研究に励んでいた時に浮かんだ、「風食で吹き飛ばされた表層土は一体どこに行くのだろう」という一つの疑問であった。もしかすると、皆さんの中には筆者と同じ疑問を持たれた方がいるかもしれない。これについて調査をしたところ、意外なことがわかった。吹き飛ばされたと思っていた表層土が、実はすぐ近くにあったのである。どういうことかといえば、確かに年間4～5㎜というものすごい速さで表層土が吹き飛ばされて畑からは失われるのだが、その西側に休閑地がある場合には、飛ばされた表層土のほとんどが休閑地の植物（休閑植生）によって捕捉されていた。つまり、雑草などに引っかかって止まっていたのである。また、さらに調査を進めたところ、畑の西側の休閑地に溜まっていた理由は、ハルマッタン（乾季の季節風）や雨季初期の嵐のほとんどが東風のためであった。また、休閑植生はたった5ｍの幅であっても、風で飛ばされる表層土のほとんどを捕捉できることもわかった。

筆者らはこの発見に基づき、逆転の発想から、風を、薄く広がっている養分に富んだ透水性の高い表層土を集めてきてくれる営力と捉えることで、「耕地内休閑システム」という新たな風食対策技術を設計した（図1）。この技術は、風で吹き飛ばされる表層土を畑の中に留め（風食の抑制）、なおかつそれらを所々に集め、収量増加に繋げようとするものである。土壌養分や土壌水分が限られた地域では、それらが薄く広がっているよりも、ある程度集約されたほうが全体として収量が増加する可能性があることからこのような着想に至った。

技術の概要は以下の通りである（図1）。なお、技術の設計に際しては、農民の実施可能性を第一に考えた。

①畑の中に風食を引き起こす東風に対して垂直になるように、幅5ｍの休閑帯を複数作る。休閑帯とは帯状の休閑地で、播種と除草を行なわないこと、つまり何もしないことで容易に形成される。この休閑帯は収穫後も畑に残り、乾季から翌年の雨季初期に風によって運ばれてくる表層土を捕捉する**（風食抑制効果）**。

②雨季中に休閑帯を風上（東方向）にシフトさせ、

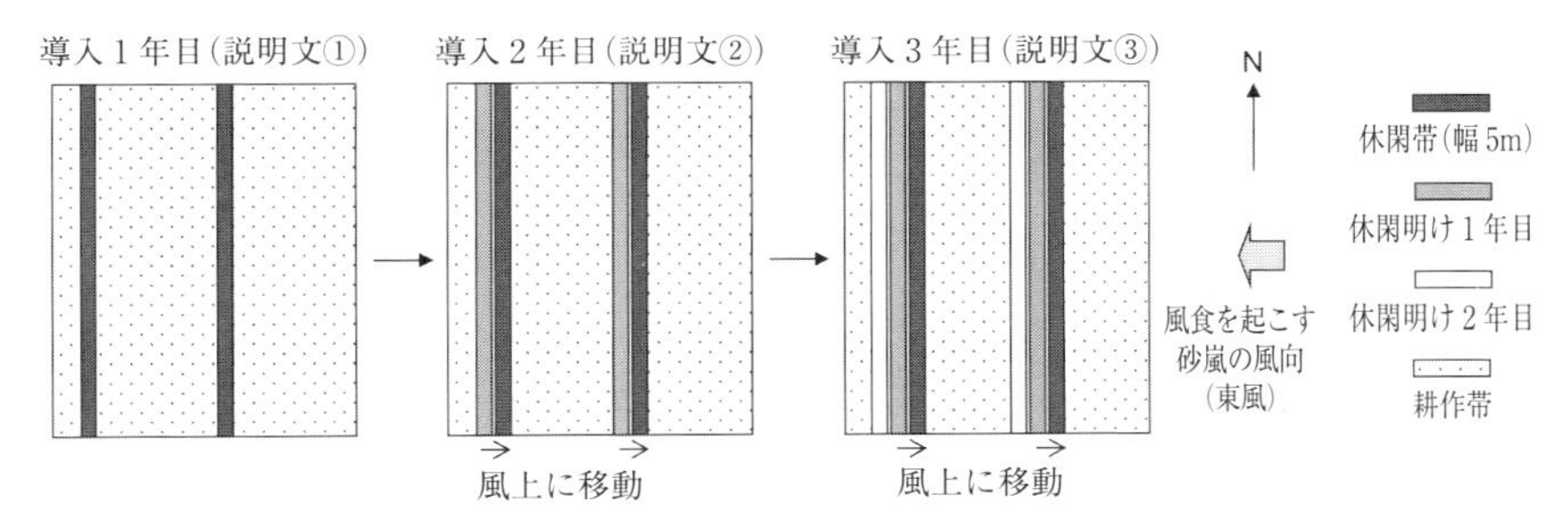

図1 「耕地内休閑システム」を導入した畑の土地利用（伊ヶ崎 2011）

前年に休閑帯であった場所でも耕作を行なう。これにより、前年の休閑帯で捕捉した表層土を作物生産に利用する（**増収効果**）。

③毎年②を繰り返す。

この技術のミソは、従来の風食対策技術とは異なり、費用も労力もほとんどかけずに実施できるという点であり、経済面でも労働力面でも余裕のないサヘル地域の農民にも十分採用されうる。

さて、この「耕地内休閑システム」は実際に現場で機能するのだろうか。筆者らはニジェール共和国にある国際半乾燥熱帯作物研究所（ICRISAT）西・中央アフリカ支所の試験圃場と周辺の農家圃場で、その有効性を4年間検証した。その結果、嬉しいことに「耕地内休閑システム」により風食が70%以上抑制できること、また収量も30~80%増加できることがわかった。さらに、国際協力機構（JICA）のプロジェクトを通して本技術の普及を試みたところ、現在までにニジェール共和国の5州、23地区、89村、約500世帯の農民が実際に本技術を採用した。

ただし、ここで注意が必要なのは、「耕地内休閑システム」はサヘル地域の農民の現状に即して設計されたものであり、砂漠化に苦しむ全ての地域で適用できるものではないという点である。これまで述べてきたように、地域によって砂漠化の原因も社会・経済状況も異なるため、砂漠化の対策技術にオールマイティーなものはない。このことを忘れず、今後もそれぞれの地域で、その地域の実情に即した対策技術を模索することが重要である。

雨が多い傾斜地の畑では、水による侵食はつきものだ。しかし、かつての伝統的焼畑農業では問題とはならなかった。なぜ、今、大きな問題に？　休閑して山に戻す仕組みを、換金作物の導入が崩していったのだ。その背景に、日本に東南アジアから大量に輸入されるパーム油やロールキャベツ、焼き鳥などが深くかかわっていた……。（編集子）

水食
東南アジアの山の農業と水食とのたたかい

田中壮太（高知大学）

水食は、雨が多い湿潤な気候条件下で、山地や丘陵地のような傾斜地において生じる土壌劣化である。多量に降った雨が土壌表面を流れ、肥沃な表層土を削り取っていく。その結果、養分の少ない堅密な下層土が地表面に現れ、その土地の生産力は大きく低下する。侵食がひどくなると、ガリーとよばれる深さが数十cmから数mに達するような谷が形成される（写真1）。こうなると、土木工事で修復するか、その土地を放棄するしか道はなくなる。地球上の陸地面積130億haのうち、実に10億haもの土地が水食による土壌劣化を受けているとされている。ここでは、水食とその対策について、東南アジアの傾斜地農業を中心に紹介する。

水食はなぜ起こるか

地表に降った雨は、土壌に浸み込み蓄えられる。土壌に浸み込んだ水は、植物に利用されるか、土壌表面から蒸発したり、地下水として失われる。全ての雨が土壌に浸み込めば水食は起こらないし、平坦な土地においても起こらないと考えてよい。しかし、山地や丘陵地のような傾斜地で、雨が猛烈に降ったり、長時間降り続き、土壌が水を蓄える能力を超えると、雨水は斜面に沿って流れだす。これを表面流去水という。水食は、この表面流去水が土壌を削り取り、運び去ることによって発生する。

水食の程度は、斜面や土壌の状態に左右される。斜面が急で長いほど、表面流去水は勢いを増し、土壌を押し流す力は増大する。土壌の団粒構造が安定していると、水を浸透させる能力は大きく、また表面流去水に対する抵抗力も大きくなる。団粒構造が不安定だと、雨が地表面をたたきつける衝撃で土壌粒子はバラバラになり、その粒子が土壌の隙間を埋めてしまうので、浸透する水が減って表面流去水が増える。

さらに、土壌が被覆されているかどうかも重要である。猛烈な雨が降っても、森林では樹冠や落葉が、畑ではワラやマルチが地表面を覆っていれば、雨の衝撃を和らげてくれる。植物の根は土壌をしっかり掴みとるとともに、表面流去水の勢いを弱める防波堤の役割を果たす。一方、何のカバーもない裸地では、土壌は雨の衝撃を直接受け、表面流去水は一気に斜面を流れ下る。したがって、同じ傾斜地であっても、森林では水食はほとんど起こらない。だが、何の対策も講じられていない畑では、水食は深刻な問題となる。

しかし、なぜ東南アジアで水食が起こりやすいのだろうか?

東南アジアの気候は、年中多雨の熱帯雨林気候と、乾季と雨季が明瞭な熱帯モンスーン気候に区分される。熱帯雨林気候のボルネオ島では、年間降水量が3000〜4000㎜に達するが、熱帯モンスーン気候のタイのように、年間1500㎜程度と日本と同じくらいの降水量の地域もある。水食との関連でみると、10分間に3㎜以上の雨を危険降雨とよぶ。日本では、危険降雨は年間降水量のせいぜい15%であるが、タイでは半分近くが危険降雨であり、雨季には文字通りバケツをひっくり返したような雨が降る。

東南アジアの傾斜地の代表的な土壌は、アルティソル(アメリカ農務省の分類による)やアクリソル(世界土壌照合基準による)とよばれる赤黄色土である。水食という点で、この土壌は、①団粒構造がもろく、土壌粒子がバラバラになりやすい、②土壌表面にクラストとよばれる堅い皮膜ができやすい、③下層土には、表層土から溶脱された粘土の集積層があるという特徴があり、それらの結果、④土壌全体として雨水を通す能力は低く、表面流去水が増えやすいため、水食を受ける危険性が高い。また、自然条件下では、酸性であり、植物養分に乏しいことも重要な特徴である。

自然侵食と加速侵食

先に述べたように、森林では水食はほとんど起こらない。しかし、それは程度の問題であって、実際には傾斜地に水食は付き物である。このような水食を「自然侵食」という。

岩石から土壌が生成する速度は、熱帯では1年間に0.1〜1㎜程度である。自然侵食で失われる土壌の量は、生成される土壌の量を超えることはないので、自然侵食によって森林から土壌が消え失せることはない。しかし、人為の影響が強くなると、水食により失われる土壌の量は一気に増加する。このような水食を「加速侵食」とよぶ(写真1)。傾斜地を農地として利用したり、森林を伐採する際に加速侵食は引き起こされるし、道路や住宅の建設によっても土壌は流される。後者の場合、斜面を削る際に土壌が流されるだけでなく、道路や住宅の存在そのものが雨水の土壌への浸透を妨げ、表面流去水を増加させるのである。

東南アジアでは、多くの河川の流域で、古くから水田が開かれてきた。紅河、メコン、チャオプラヤといった大河のデルタが稲作地帯として有名であるが、山間盆地を流れる小川の周りにも多くの水田が存在している。そのような水田では、化学肥料を使わずとも、稲は青々と育ち、それなりの収量を得ることができる。一般に、森林の表層土は肥沃である。植物により吸収された養分は、落葉として土壌表面に戻される。落葉はミミズなどの動物や微生物に分解され、土壌有機物と養分となって表層土を涵養する。その肥沃な表層土が自然侵食により川へと流され、川の氾濫とともに周囲の水田に堆積する。川の氾濫は災害ではあるけれども、水田にとっては化学肥料を施与するのと同じ効果がある。水田の恵みは、自然侵食の賜物といってよい。

写真１　飼料用トウモロコシ畑にできていたガリー（タイ・プレー県の乾季の様子）

侵食対策は取られておらず、写真中央に深さ50cm以上の比較的大きなガリーが形成されている。他にも数本のガリーが観察できる

自然侵食に対し、加速侵食の影響は深刻である。仮に、1年に1㎜という土壌生成速度をほんの少し上回る3㎜の土壌が流されるとする。その差は1年間では2㎜にすぎないが、10年では20㎜、50年では10㎝にも達する。実際には1年で10㎜の土壌が失われる場合もある。

加速侵食により、莫大な量の土壌が川へと運ばれる。河川の多くは、一昔前までは透明な水が流れ、洗濯や水浴びに使われるなど流域の住民生活に密接に関係していた。しかし、現在の河川は、よほど上流部でなければ、加速侵食の影響により、常に濁っている。まるで、台風後の日本の川のようである。もちろん流域の住民生活は大きな影響を受ける。さらに、加速侵食により流された土壌や養分、農薬は、河川や海洋生態系の富栄養化や汚染、濁りによる生物生産の低下、川床の上昇による洪水の増加や船舶航行の妨害など、さまざまな問題を引き起こす。

焼畑
—傾斜地農業の原点

かつては焼畑が、東南アジアの傾斜地の主要な農業形態であった。傾斜が20度や30度に達するような急斜面でも、焼畑は行なわれてきた。いずれの国でも、そのような急斜面は、侵食防止・土壌保全の観点から農業不適地とされている。それにもかかわらず、焼畑では、水食などの土壌劣化が顕在化することなく、何世代にもわたって持続的に営まれてきた。

伝統的な焼畑の方法

伝統的な焼畑のやり方は民族や地域によって異なっているが、基本的な手順は次のようである。

焼畑の作業は、原生林を新規開墾するのでなければ、前回の栽培後に放置され、十分に回復した休閑林を選ぶことから始まる。「樹木の幹の太さが太股と同じくらい」のような植生の状態が、十分に回復した休閑林の基準として使われる。このような状態にまで回復するには、10〜20年の休閑が必要である。「黒くて柔らかい土」も、肥沃度を見極める基準として重要である。

次に、植生を伐採する。樹木は、腰の高さ付近で切り倒す。切り株はそのままにしておく。大径木は、枝打ちのみにとどめることもある。十分に乾燥させた後、熱帯モンスーン気候では雨季の始まる直前に、年中湿潤な熱帯雨林気候では1週間程度の晴天が続いた後に火を入れる。

火入れ後、直ちに主食作物の陸稲やトウモロコシを播種する。野菜も混作される。播種は、男性が長さ1・5mほどの棒を土壌に突き刺して穴をあけ、女性が後に続いて種子を穴に投げ入れる。歩き回るので自然に穴はふさがる。鍬で耕したり畝立てすることはない。収穫は、陸稲やトウモロコシでは穂だけを刈り取る。収穫量がよほど多くなければ、1作のみで栽培は終わる。そして休閑し、樹木が十分に成長したところで再び火を入れて、作物を栽培する。

伝統的焼畑になぜ水食はなかったのか

土壌肥沃度や水食という観点から焼畑を考えてみよう。

植生を焼くという作業には、容易に整地ができることの他に、①焼却時の熱が雑草種子や病原菌、害虫を駆除する、②植生を焼却した灰はアルカリ性なので土壌酸性を中和し、そのミネラル分が作物養分となる、③窒素のほとんどは、焼却により大気中に失われるが、地温上昇により土壌有機物からアンモニアが放出され作物養分と

写真2　タイ・メーホンソン県の焼畑
火入れから4カ月後。陸稲の間の樹木は早くも枝葉の再生が始まっている

なる（焼土効果という）。したがって、「幹が太股の太さ」というのは、十分な熱と灰が得られるまでに植生が回復しているということである。また、「黒くて柔らかい土」は、土壌有機物が多く十分な焼土効果が期待できる土壌、耕さなくても根張りが期待できるような団粒構造の発達した土壌のことである。

土壌保全という点では、他の作業も重要である。まず、樹木は地上部を伐採されても、切り株や根は生き続け水食を防ぐ。切り株からの萌芽更新は非常に早く、作物栽培中に森林の回復は始まっている（写真2）。そのため、収穫後、土壌が長期間にわたって裸地になることはない。掘棒による播種は、表層土の攪乱を避け、水食を防ぐ効果がある。穂のみの収穫は、土地からの養分の過度の持ち去りを避けていることになる。十分に回復した休閑林は日光を遮り、土地に雑草が繁茂するのを防ぐ。枯死した雑草や落葉は、土壌有機物を回復させる。根は土壌深くまで浸透した養分を吸収し、再び植物体内に蓄える。

このように、焼畑は、東南アジアの貧栄養の酸性土壌に適した、しかも農業機械、化学肥料、農薬のような近代農業の利器に頼らない持続型農業である。焼畑とは、森林としての侵食防止機能や有機物・養分サイクルをできるだけ損なわず、一時的に畑として利用する手段といってよいだろう。

焼畑の限界と変容

陸稲を栽培する焼畑民は、成人1人につき1年間で200kgの玄米を消費する。子供や老人を含む5人家族では1tの玄米が必要になる。陸稲の収量は約1t／haである。つまり1haの焼畑で、5人家族が1年間生活できるという計算になる。一方、1家族が手作業で除草できるのは、せいぜい1haであり、これが当年の焼畑の広さを制限している。実際、東南アジアのどこに行っても、1家族の焼畑面積は約1haである。つまり、1家族の生活に必要なコメがとれる最小の面積＝手入れ可能な最大の面積であり、間作で野菜を植え、休閑林からも野草やタケノコ、イノシシなどの獣肉を得ることができる。このように焼畑民の生活は、焼畑と休閑林から供給される食料の微妙なバランスの上に成立しているのである。

また、焼畑には休閑が必要である。休閑を10年とすれば、当年の焼畑＋10倍の休閑林の面積＝11haが1家族に必要となる。水田稲作は毎年作付けできるので、コメの収量を5t／haとすれば、50倍以上の人口扶養力を持っていることになる。すなわち、焼畑を営むには、水田稲作とは比較にならないほどの土地が必要であると考えてよい。かつての焼畑民の生活では、外部世界との交易活動は多少はあったかもしれないが、焼畑は基本的に自給自足の生業であり、しかも土地資源が十分にあるという条件において持続的であったと言える。

焼畑民の生活は、時代の流れとともに変容してきた。ここではその詳細を書く余裕はないが、焼畑のやり方に関しては、栽培回数を増やし、休閑期間を短縮するという焼畑の集約化と言うべきものであった。本来の焼畑が持つ、土壌と植物との絶妙なバランスを損なうものであることは明らかであろう。火入れや栽培の繰り返しにより、生態系から多くの養分が失われるだけでなく、樹木の切り株や根は大きなダメージを受け、植生回復は悪くなる。しかも休閑期間が短いので、燃やすべき植生が不足する。熱や灰の効果は十分に得られないので、収量が低下する。収量向上のためには、化学肥料や除草剤に頼ることになる。しかし、集約化された焼畑において、積極的な水食対策がとられることはほとんどない。そもそも集約化以前の焼畑においてさえ、焼畑民は切り株を残したり掘棒で播種する以外に、積極的な水食対策はしてこなかったのだから無理もない話かもしれない。

常畑化と水食対策
—アグロフォレストリーの取組み

交通インフラの整備とともに収穫物や肥料の輸送が可能となり、換金作物が導入されると、火入れや休閑のような焼畑の要素は消滅し、農地は常畑として利用されるようになる。常畑では、水食の危険性は確実に、そして著しく増大する。ここでは、タイとマレーシアの例を紹介しよう。

経済発展が著しいタイでは、山奥にまで道路網の整備が進んでいる。タイの北部地域では、焼畑をやめ、キャベツや飼料用トウモロコシなどを栽培する常畑が増加した。このような単年生作物の連作では、化学肥料や農薬の使用はもちろんのこと、土壌を柔らかくするためにトラクターによる耕起も行なわれている。水食対策技術の圃場試験や農民への普及指導は行なわれているようであるが、農民がそのような技術を採用することは、労力やコストの面から稀である。

一方で、アグロフォレストリーを基軸とした農業振興・土壌保全策の普及が図られている。アグロ＝農業と、

フォレストリー＝林業という名が示す通り、単年生作物栽培と果樹や有用木の植林などを時間的・空間的に組み合わせた技術である。例えば、トウモロコシの間にライチの樹を植えておく。初めはトウモロコシが収入源であるが、樹が成長するにつれ、ライチが収入源となる。土壌は、根が伸長し落葉で覆われるようになり、水食から保護される（写真３）。幸いなことに王室が普及活動にたいへん熱心なこともあり、多くの小農がアグロフォレストリー技術を実践するようになった。

写真３　アグロフォレストリーの取組み

ライチ農園での調査。土壌表面は落葉で覆われ保護されている

写真４　アブラヤシ農園でのテラス造成

急斜面はテラス状に造成される。のり面は、果房収穫時に切除された葉で保護されている

マレーシアでは、大規模アブラヤシ農園の拡大が著しい。森林や生物多様性の保全などの面からは何かと非難されるアブラヤシであるが、さまざまな水食対策が講じられている。20〜25年というヤシ木の生産可能年数と、一度農園を作れば１００年先を見越した経営が必要なアブラヤシ農園では当然のことであろう。

　まず、急傾斜地では、表面流去水の勢いを削ぐためにテラスが造成される（写真４）。ヤシの植栽時には、土壌被覆のためにマメ科植物が植えられる。さらに、ヤシ果房の収穫の際には、果房周囲の葉を切り落とすが、その葉はヤシ木間に積み上げられ、土壌被覆に利用されている。しかし、そもそもテラスの造成時には土壌が切り盛りされるので、相当量の土壌が流出している可能性がある。さらに農園内には作業のための道路網が縦横に整備されており、水食を助長している可能性もある。それなりの対策は講じられているが、水食の実態はよくわかっていないのが実情である。

東南アジア全域で、焼畑→焼畑の集約化→常畑という変化が急激に起こっていると考えてよい。しかし、そのような変化の中で、水食がどれくらい深刻なのかについての調査はほとんど実施されていない。また、水食対策も、先に述べたようなアグロフォレストリーやアブラヤシ農園がむしろ例外であり、全く対策が講じられていない農地も多いと思われる。早急に実態調査や対策が必要であることは言うまでもない。

読者の中には、東南アジアという遠い国の問題と感じられた方も多いかもしれない。しかし、アブラヤシから採れるパーム油はもはや我々の生活に必要不可欠であり、タイのキャベツはロールキャベツとして、飼料用トウモロコシはニワトリに与えられ、フライドチキンや焼鳥として輸入され、我々の食卓に並んでいる。経済のグローバル化や食のグローバル化は、すなわち水食をはじめとする土壌劣化のグローバル化であることを読者にはご理解いただきたい。

土壌塩類化

誤った灌漑がもたらした土壌塩類化

遠藤常嘉・山本定博（鳥取大学）

世界の陸域の40％は乾燥しており、そこには日本のような湿潤地域とはまったく異なる性質の土壌が分布している。乾燥地域では降水量が日本の1／10程度以下と極端に少ないため、乾燥地域の土壌は、年間の大部分、乾燥した条件下に置かれている。また、水によるカルシウムやナトリウム、マグネシウムなどの塩類の溶脱が制限されるため、乾燥地の土壌には多くの塩類が含まれていることが多い。土壌の塩類化とは、これらの塩類によって引き起こされる土壌の劣化であるが、自然の乾燥地土壌では、土壌塩類化の原因になる水に溶けやすい塩類は下層に存在しており、表層に集積していることは少ない。

ではなぜ、世界の灌漑農地の20％で土壌塩類化の影響が進行しているといわれているのだろうか？　ここでは、農地での土壌塩類化の発生要因と、土壌塩類化が問題となっている地域の実態と克服の取り組みを見ていく

乾燥地には水を与えればいい……しかしそう単純なものではない。20世紀最悪の環境破壊と言われた「アラル海の悲劇」、メキシコ・カリフォルニア半島や中国陝西省の土壌塩類化、いずれも誤った灌漑が悲劇を生んだ。日本でも津波、高潮、潮風害だけでなく、施設園芸土壌でも問題となっている。「水は諸刃の剣」だったのだ。（編集子）

ことにしよう（写真1）。

塩類集積土壌とソーダ質土壌
―乾燥地では水は諸刃の剣

乾燥地は、日射が豊富なため、水と肥料が充分に与えられれば非常に高い農業生産が期待され、農業の適地になるポテンシャルが高い。古くから、乾燥地特有の気まぐれで、非常に少ない降水に依存した農業（ドライファーミング）も行なわれてきているが、安定的に作物を栽培するためには、水を農地に与えること、すなわち「灌漑（かんがい）」が必須である。意外かもしれないが、日本に輸入される農作物（穀類、豆類）の多くは、乾燥地の灌漑農地で生産されたものであり、日本の食卓は乾燥地と繋がっている。例えば日本のうどんの原料の多くは、乾燥地オーストラリアからの輸入である。

成因が異なる二つの塩類化

しかし、乾燥地では単に水を供給すればよいというわけではない。水の供給が、かえって土壌をダメにしてしまうことが起こるからである。

乾燥地の農地で不適切な灌漑、すなわち、排水の悪い環境で大量の水が供給されると、過剰な水が、土層内の浅い部位に地下水として停滞する。そして、土層内に存在する塩類が地下水に溶解し、地表面まで、土壌中の微細な隙間によって繋がってしまう。最悪のシナリオ展開の準備完了である。地表面で水が蒸発すると、下層から塩類を含んだ水が土壌表面に上昇し始める。地表面では水のみが蒸発するために、水に溶けていた塩類は地表面に残され、集積してゆくことになる。これが「塩類集積土壌」の生成であり、栽培する作物は生育を大きく阻害され、集積量が多い場合には栽培不能になる。集積する塩類は、水に溶けやすい性質を持っており、その種類は土壌母材の影響等をうけるが、主体はナトリウム、マグネシウムおよびカルシウムの塩化物、硫酸塩である。

乾燥地では、水の影響によってもう一つのやっかいな土壌が生成する。「ソーダ質土壌」である。この土壌は集積する塩類の量ではなく、土壌の粘土粒子の表面に吸着しているナトリウムイオンの多少で特徴付けられる。ナトリウムを多く含む灌漑水の供給や、塩類集積土壌の改良時に、集積した塩類を洗い流す大量の水が原因となる。灌漑水などに含まれているナトリウムイオンが、粘土粒子にくっついていた他の陽イオンを追い出して吸着するからである。粘土粒子にナトリウムイオンが高い割合で吸着すると、粘土粒子がバラバラに分散して、土壌の構造が壊れてしまう。その結果、土壌にとってとても重要な働きをする隙間がなくなり、水はけの悪い最悪な状態が作り出される。また、乾燥するとカチカチの非常に堅い状態になる。

ソーダ質土壌では、このような土壌構造の崩壊にともなう土壌物理性の悪化に加え、強アルカリ性になる場合が多く、高pHによる養分吸収阻害など、複合的に土壌が悪化し、作物の生育が著しく阻害されるばかりか、土壌侵食が誘発され、土壌そのものが失われることになる。土壌溶液の高い塩類濃度が、植物の水分吸収を妨げて生育を阻害する塩類集積土壌の問題よりも、はるかに深刻な状態である。

塩類集積で放棄された農地（カザフスタン）
表面に白く見えるのが集積した塩類

メキシコのソーダ質化農地
表面がクラストで覆われている

写真１　土壌塩類化の実態

このように、作物生育を阻害するほど高いレベルで塩類やナトリウムイオンが存在する土壌（それぞれ、塩類集積土壌、ソーダ質土壌）は、総称して塩類土壌と呼ばれる。この二つの塩類土壌は、成因、作物に対する影響とともに改良方法も大きく異なるため、塩類集積土壌かソーダ質土壌かを診断することが、適切な土壌管理のために重要である。

一般的に、塩類集積土壌は、過剰な塩類を水で洗い流すことにより、ソーダ質土壌は、カルシウム資材を加え粘土粒子にくっついているナトリウムイオンをカルシウムイオンと置き換えて、さらにナトリウムイオンを洗い流すことで改良できる。これらの物理的、化学的な手法の他に、近年、塩生植物や好塩類集積植物を栽培して塩類を吸収除去する植物を用いた改良方法（ファイトレメディエーション）が注目されている。

しかし、いったん生成された塩類集積土壌やソーダ質土壌を改良するには、莫大な量の良質な水、労力およびコストを必要とするため、塩類化の進行した農地は放棄されることが多い。現在、世界の灌漑農地の20％は土壌塩類化の影響下にあるといわれ、とくに人口圧の高い乾燥地域においてその拡大が顕著で、砂漠化や土地荒廃の要因になっている。土壌塩類化は古くて新しい問題であり、古くはメソポタミア文明の頃から、人類はこの問題と対峙している。

日本での土壌塩類化

日本においても、津波、高潮および潮風害に伴う海水の農地への侵入による土壌塩類化や、施肥量が多い施設園芸土壌における塩類の過剰集積による生育障害が認められる場合がある。後者の場合は海水起源の場合と異なり、肥料に由来するカルシウム、マグネシウムおよびカリウムの硫酸塩や硝酸塩などを多く含むことが特徴である。

大量の塩が吹き出しているカザフスタンの塩類集積圃場

塩類集積ほ場、（カザフスタン）
さすがの綿花でも育たない

写真２　地表面に塩の結晶が吹き出した土壌

土壌塩類化の防止・改良の対策は、まず、農地の塩類集積の状態と原因を明らかにすることから始まる。以下、乾燥地域における土壌塩類化の実態について、カザフスタン・シルダリア川下流域、メキシコ・カリフォルニア半島および中国陝西省洛恵渠灌漑区における調査事例を紹介する。

カザフスタン・シルダリア川下流域
―大規模灌漑農業開発と「アラル海の悲劇」

中央アジアにあるアラル海は、かつては面積６万６０００㎢もある巨大な湖であった。１９６０年代より、アラル海に流入するシルダリア川とアムダリア川から農業用に多量に取水する大規模灌漑事業が行なわれ、流域農地は一時的に米や綿の生産が増加し、旧ソビエト連邦を支える重要な役割を担った。しかし、灌漑によってアラル海にはほとんど水が流れ込まなくなり、湖の面積は、かつての１／10以下に縮小し（Philip Micklin 2011）、漁業はほぼ壊滅に至った。かつては莫大な農業生産をもたらした農地も、次第に塩類集積による生産力の低下が顕著となった。ひとたび、塩類集積による農地の劣化が始まると、塩類除去のため、一層、多量の水を使わなければならず、このことが、さらに土壌塩類化を助長するという悪循環に陥り、最終的に、農地を放棄せざるを得ない状況に至っている。

20世紀最悪の環境破壊といわれるアラル海問題を引き起こした大規模灌漑農地は、現在どのような状況におかれているのか、アラル海から約３５０㎞東のシルダリア川下流域に位置する、カザフスタン共和国クジルオルダ州の集団農場を一例として挙げてみたい。

この農場はシルダリア川の氾濫原に位置し、数カ所のブロックに分かれている。調査農地の土壌母材はシルダリア川による堆積物であり、同一農地でも堆積様式はかなり異なっていた。塩類集積放棄地は点在ではなく、各ブロック内にまとまって出現しており、放棄地は下層が粘土に富む粘質な土壌、耕作地は下層が砂に富む砂質な土壌であり、下層土の土性が塩類集積に大きく関与していた。

放棄農地は塩田と見まがう状況で、地表面に１～２㎝の厚さで吹き出した塩がたまっており、土壌断面内に塩の結晶が析出している地点も認められた（写真２）。調査農場では、灌漑面積約１９００haのうち、30％に相当する約６００haが塩類集積のために放棄されていた。比

写真３　メキシコの畝間灌漑
大量の水を使う方式からの脱却（節水）がポイント

較的新しい農地でも、10年ほどの耕作で土壌EC（電気伝導度：土壌中の可溶性塩類含量の評価指標）が約10dS m^{-1}に達し、塩類集積土壌の基準（EC＝4dS m^{-1}）を大きく上回っており、栽培条件としてはすでに限界を超えた状況の農地も認められた。

このような土壌塩類化の原因は、排水不良環境において多量の灌漑水を利用することに起因している。つまり、土壌への多量の塩類集積は、排水を悪化させる粘質な下層土と、大量の水を利用する水稲作を含む輪作体系が複合的に絡み合い、ウォーターロギング（不適切な水管理）の典型ともいえる状況が作り出した結果であった。

大規模灌漑計画の結果、アラル海の面積の縮小とともに塩分濃度は著しく上昇し、アラル海の生態系活動はほぼ停止した。周辺地域では砂嵐が多発し、塩分を含む微粒子を多量に飛散させ、呼吸器疾患が多発している。また、灌漑農業の促進に伴い、住民の重要な水源でもある地下水も塩で汚染され、腎臓障害や感染症をはじめ、様々な健康障害が発生している。この地域における土壌塩類化は極めて深刻な状況であることは明らかであり、農業だけでなく、地域住民の生活そのものにまで大きな影響が及んでいる。

メキシコ・カリフォルニア半島
―節水こそ持続性の鍵

メキシコ合衆国北西部に位置するカリフォルニア半島は、年平均降水量が２５０㎜未満の乾燥地であり、メキシコ国内で最も乾燥した地域である。作物栽培には灌漑が必須であるが、河川など、地表水として常時存在する水資源はなく、利用可能な水資源は地下水に限られている。地下水はナトリウム塩（塩化ナトリウム、ナトリウム炭酸塩）を主体としており、過剰な地下水の取水が、海水の混入による水質悪化と、土壌塩類化の問題を引き起こしている（写真３）。この地域における灌漑による塩類の動態は、水の動きに関係する土壌の特性により大きく異なっていた。

水はけのよい砂質農地では、土壌中の塩類は洗脱傾向で集積量はわずかであったが、土壌中の塩類組成が大きく変化し、土壌pHが著しく上昇していた。わずか1年間の灌漑によって、pHが８・０から９・５近くに上昇した農地もあった。これは、ナトリウムイオンと重炭酸イオン濃度が高い灌漑水に起因するものであり、カルシウム塩が洗脱され、土壌溶液中にナトリウム炭酸塩を主体とするナトリウム塩の占める割合が増加した結果であった。また、砂質土壌の分布する管理歴の長い農業地帯の地下水には、施された肥料を起源とする高濃度の硝酸で汚染された地域も認められた。

一方、透水性の悪い粘質農地では、ナトリウム塩を主体とする塩類が顕著に集積する傾向が認められた。それらの塩類集積は、主に灌漑水中の塩類や肥料成分によるものであった。利用可能な水資源が量的に限られているため、ウォーターロギングが生じるほどの過剰灌漑にはなっていないが、利用可能な地表水が恒常的に存在しないため、塩類洗脱のための水の確保ができないというジレンマがある。しかし、点滴灌漑を導入している農地では、良質とはいえない灌漑水にもかかわらず10年以上栽培している農地も多くあり、節水型の、より効率的な灌漑が、長期的な農地利用にいかに重要であるかを示唆していた。

当地の生産者にとって、塩害は最大の懸念事項である。地下水に依存するこの地域の灌漑農地の塩類集積は、灌漑水から付加される塩類の量と土壌中での動態に大きく影響されており、灌漑水の塩類濃度と、土壌の透水性にかかわる特性がその要因として挙げられた。

土壌への塩類集積量を減らし、持続性を高める最も効果的な手段は「節水」である。節水灌漑により過剰な地下水の取水が是正され、水資源の量的、質的な改善が期待できる。その結果、農地に付加される塩の量が相乗的に減少し、土壌への塩類集積のリスクを大きく減らすことができる。節水が土壌、水資源の保全にもたらす効果は極めて大きいが、生産者の節水の意識は薄い。

この地域では、灌漑農地が湛水するほどの豪雨がハリケーンによって不定期にもたらされ、それが、農地の除塩の一翼も担っている。それに相伴い、適切な水管理が行なわれれば、持続性の高い灌漑農業が可能になると考えられる。貴重な水資源を持続的に利用し、農地の生産性を維持するためには、生産者に節水の意義を伝え、実践に結びつけることが重要となる。

中国・陝西省・洛恵渠灌漑区
─土を知り、塩と水の動きを知れば、塩類化あやうからずや

中国陝西省洛恵渠灌漑区は、黄土高原の南端、関中盆地東端に広がる地域で、灌漑区の南端には、黄河支流の洛河が流れており、まさに、中国4000年の歴史とともに農業が営まれてきた地域である。洛恵渠灌漑区は、洛河を主な水源とする灌漑区で、その左岸の大茘地域に広がる洛東区と、右岸の蒲城地域の洛西区からなる。灌漑区は陝西省の主要な農業生産の基盤であるが、近年、大量の灌漑水の導入により地下水位が上昇し、土壌塩類化が顕在化し始めている（写真4、5）。

写真4　中国黄土高原の春先の灌漑
ここでも大量の水が使用されており、まるで水田の様相を呈する

ここで紹介する洛東区（約3万2000ha、東西31km、南北16km）は、南に向かって穏やかに傾斜した地形で、南北に約40mの緩やかな標高差がある。また、標高の高いほうから、高位、中位および低位の三つの河岸段丘面で構成されている。農地は主に粘土15〜35%、微砂15〜40%および砂（細砂主体）40〜70%の、埴壌土〜軽埴土（細粒〜中粒質）の堆積物で構成されていたが、段丘面によって堆積様式が異なっていた。年代が古い高位段丘面では下層の粘土と微砂含量が多いのに対して、年代の新しい低位段丘面では、全層にわたり比較的粗粒な土壌であった。

この地域で特徴的なことは、段丘面により異なった塩類動態が認められたことである。高位段丘面では、下層になるほど塩類含量が増加し、土壌pHは低くなるのに対し、中位〜低位段丘面では、下層になるほど塩類含量が少なく、土壌pHは高くなる傾向を示した。つまり、高位段丘面では下層土が粘質で、塩類が洗脱されにくい環境下に置かれているのに対し、中位〜低位段丘面では粗粒な下層土であるため、塩類が洗脱されやすい環境下に置かれていた。そのため、中位〜低位段丘面では、ナトリウム炭酸塩を含む灌漑水による土壌中の塩類の洗脱過程で塩類組成が変化し、土壌pHが上昇したと考えられた。

この地域では、段丘面によって異なる土壌母材の堆積様式と、土壌の生成過程が下層土の土壌特性に反映され、そのことが土壌の透水性に影響していた。その結果として、下層土が粘質な高位段丘面の排水不良地域では土壌の塩類集積化が、下層土が粗粒な低位段丘面の排水良好地域では土壌ソーダ質化が進行し、空間的に異なる塩類集積状態が作り出されていたのである。

塩類の集積状況は、土壌の性質、とくに下層土の透水特性が大きく影響していることから、野外土性のような簡便な手法で下層土の性質を判定すれば、今後起こりうる塩類集積の状態や危険性を予測して土壌管理に反映させることができる。つまり、野外で土を指でこねて粘土や砂の多少を判定し、下層土が粘質（ネバネバ、ニチャニチャした感触）であれば、表層に塩が析出していなくても、塩類集積の危険性が高いと診断される。その場合は、適切な除塩や暗渠などの排水対策が必要であるとわかる。

一方、下層土が砂質（サラサラ、ザラザラした感触）であれば、除塩対策よりもソーダ質化の対策を積極的に講じることが必要となる。ソーダ質土壌の場合には、水による塩類の洗脱では根本的な改良はできないばかりか、乾燥地域に特有な重炭酸イオン濃度の高い水による

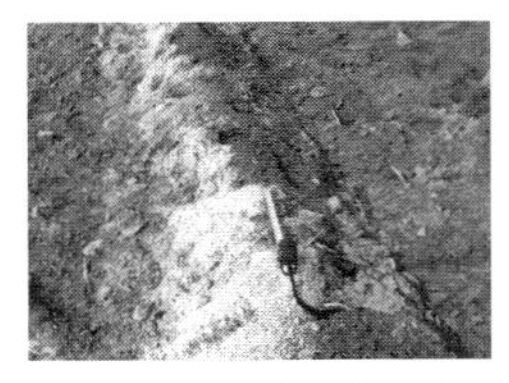

写真５　地表面蒸発による塩の集積（中国）
地温が高く地表面から蒸発しやすい畝の南側だけで塩が吹き出している

過度の洗脱は、かえってソーダ質化を助長してしまうことになる。ソーダ質土壌の改良は、土壌化学性の改良が基本である。すなわち、土壌溶液中のカルシウム濃度を高め、土壌の粘土粒子に吸着されているナトリウムをカルシウムと交換する必要がある。実際には、石膏のようなカルシウム資材、難溶性カルシウム塩の可溶化を促進させるための硫黄華などを施与することになる。また高pH環境下においては吸収されにくくなる微量要素が作物へ吸収されるように、養分元素のバランスも適正状態に維持するための検討も必要である。

今後の農地管理のあり方

今後の人口増加とそれに伴う食糧不足を考えると、陸地の40％を占める乾燥地で営まれる農業は、ますますその重要性を増してくる。土壌塩類化による農地の作物生産性低下の進行を防止するとともに、その地域で生活を営んでいる地域住民の食糧不足、栄養不足等を解消するためにも、土壌塩類化に対する予防策を見出す必要がある。その際、農地における塩類集積状態の多様性、不均一性を広域的に評価し、適切に栽培作物や土壌改良資材の選定などの対処をしなければならない。

これらの地域で生活する人々の多くは、政治的に不安定で、厳しい生活環境のもとに置かれ、多くが貧困問題に直面している。もちろんこの背景には、人々を限界的な環境や脆弱な生計手段に追いやり、貧困からの脱却を不可能にする社会と経済構造があり、砂漠化問題の解決を一層困難なものにしている。しかし、多くの土壌劣化がそうであるように、乾燥地の土壌劣化の原因は、複合的であり、土壌管理・水管理などの技術的な問題とともに、管理が不適切になる社会的、経済的背景等も無視できない。また、これまでの歴史が証明しているように、乾燥地農業がどこまで持続的なのかは、疑問の残る点である。しかし、今後の人口と食糧需要のバランスを考慮すると、これらの農地の土壌劣化を技術的に阻止する方策を見出す挑戦は続けなければならない、極めて重要で緊急性の高い課題である。

土壌と水は有限な資源であり、取水可能な水資源の有効利用に最大限の努力を配慮しながら、適切な土壌管理、水管理が必須な条件となる。その解決のためには灌漑農業下の水と塩類の動態をよく把握したうえで、農地を適切に管理することが枢要である。

世界一肥沃な土壌と呼ばれるチェルノーゼム、有機物をたくさん蓄積した黒々とした豊かな土は「土壌の王様」と呼ばれている。この50年で土壌有機物の2～3割が消えたという報告もあるカザフスタン。いかに有機物の消耗を抑えるか、同じ土壌劣化に苦しむアメリカやカナダでも、新たな農法の確立が進められている。（編集子）

有機物減耗

カザフスタンの肥沃な黒土地帯から

高田裕介（農業環境技術研究所）

世界の食糧生産を担っている穀倉地帯の、初夏の風景を想像していただきたい。周囲360度を見渡す限りコムギやダイズなどの穀物畑が広がり、緑の畑に落ちる雲の影はゆっくりと動いている。しかし、土がむき出しの状態となった、何も作付けしていない畑を見かけることもある。そこでは超大型の農業機械が幾台も連なり、土煙を濛々と上げながら耕起作業を行なっているのだ。穀物を育てるに足る十分な雨が降らない、乾燥地特有の農作業風景で、そこでは数年に一度、畑には穀物を育てずに土中に水を溜めこむために耕起を行なっている。このような風景の下で、持続的な食糧生産を脅かし、地球の温暖化を進めてしまうような土壌劣化が進行していることをご存じの方は少ないかもしれない。

黒々とした土

世界の穀倉地帯として有名なユーラシア・ステップ、北米プレーリー、南米パンパの気候は、日本と比べて乾燥しているのが特徴的である。そのため自然下では、森林ではなく草原が形成される。草本植生はその根系を地中深くまで発達させることから、地上部で光合成により同化した有機物や、それらを栄養源とする生物の遺体などを土壌の深くまで供給する。土壌中に供給された有機物は、微生物などの分解を受けて植物の養分となるとともに、二酸化炭素としても大気中に放出（土壌呼吸）される。また、分解の過程で、有機物の一部は鉱物などと反応しながら、土壌有機物として土壌中に少しずつ留まる。一般的に土壌中の有機物が多くなるほど土壌は黒い色や暗い色を帯びてくるので、世界の穀倉地帯には、地中深くまで黒々とした土壌が広く分布する。このことから、穀倉地帯は黒土地帯とも呼ばれている。

土壌中に蓄積された土壌有機物は、植物への養分供給や水分の保持など、植物根の生育に良好な土壌の理化学性に寄与していることから、肥沃度の指標として用いられる。また、土壌有機物は自然界で生じる二酸化炭素の地中貯留として、温暖化を緩和する働きとしても注目されている。

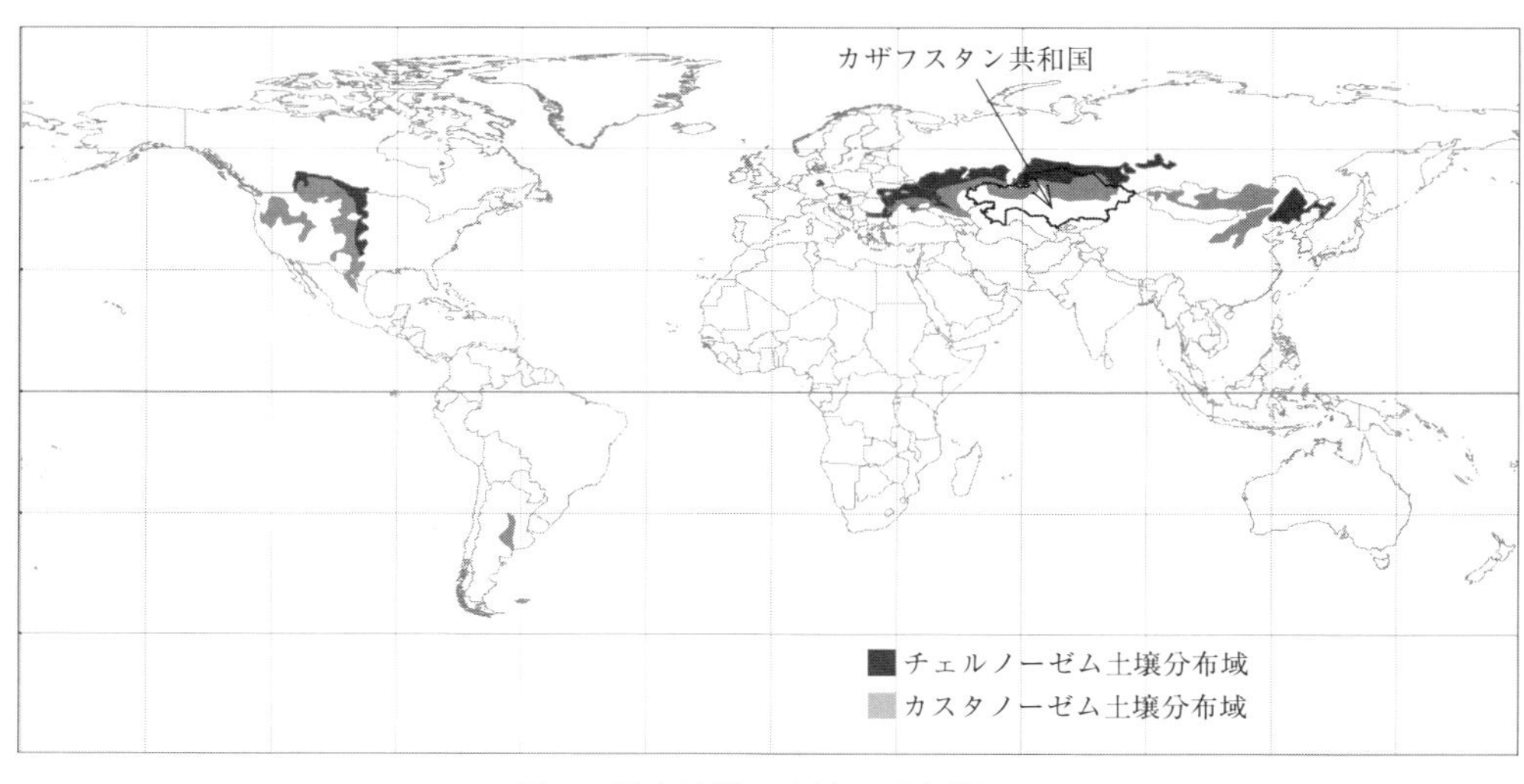

図１　黒土地帯の土壌の分布状況

少し専門的な話となるが、黒土地帯の年降水量が４００〜５５０㎜の地帯には、黒々とした有機物に富む厚い表層をもつチェルノーゼム土壌が主に分布し、同じ黒土地帯でも年降水量が２００〜５００㎜のやや乾燥した地帯には、黒色味が弱いカスタノーゼムという土壌が主に分布している（図１）。

これらの土壌は、草本植生下で５０００年から８０００年程度もの長い時間をかけて、土壌中に有機物を多量に蓄積してきており、地表下１mでの有機物として蓄積された炭素量（約69ペタグラム（＊））は、二酸化炭素として日本から毎年放出される炭素量（毎年約０・３ペタグラムの炭素量を放出）の、約２３０年分にも相当すると推定されている。

このように土壌有機物は、食糧生産と地球環境の両側面にとって非常に重要な土地資源であり、土壌有機物が豊富な世界の黒土地帯では、その有機物動態を適切に管理することが、食糧安全保障と地球環境保全の両観点から極めて重要である。

世界一肥沃な土壌チェルノーゼム

ユーラシア・ステップのほぼ中央部に、中央アジア地域随一の穀倉地帯を含むカザフスタン共和国は位置する。カザフスタン共和国は、中央アジアの全穀物作付面積の60％程度を占め、コムギ栽培が盛んであり、中央アジアを代表する食糧生産基地として重要である。また、国別のコムギ輸出量は世界第7位（２０１４／２０１５年）である。とくに、カザフスタン北部は、肥沃なチェルノーゼム土壌およびその類縁土壌が優占することから、北部を構成するアコモラ州、北カザフスタン州、パ

＊ペタグラム　国際的単位でPgと表記。ペタは10の15乗を意味する記号で、1ペタグラムは10^{15}グラムとなり、10億tにあたる。

ブロダール州、およびコスタナイ州で、カザフスタンの全穀物作付面積の70％程度を占めるとされている。

カザフスタン北部の気候は大陸性で、年間降水量は200〜400㎜であり、南下するに従って減少する。平均気温は北で低く、南で高い。この地域を特徴づける主要な土壌型は、南下するに従って、通常チェルノーゼム、南方チェルノーゼム、そして暗色栗色土（カスタノーゼム）へと変化していく。なお、いずれの土壌名もカザフスタンの土壌分類体系によるものである。これら地域では、旧ソビエト連邦の慢性的な食糧不足を打開するために、1956年から開始されたツェリーナ開墾計画により、自然草地の大部分（2550万ha）が開墾され、穀物畑に姿を変えた。

この地域は灌漑に頼らない天水農業を行なっており、年によって大きく変動する不安定な降水によって、農作物の生育が規定されている。そのため、不安定な降水量を補完することを目的として、旧ソビエト時代から土壌水分保持能を増加させる技術が発達してきた。主な技術として夏季休閑があり、夏季に3回程度、耕起による除草を行なうことによって蒸発散量を低下させ、土壌断面内に水分を保持し、翌年度の収量増産を図る技術である。夏季休閑技術はまた、土壌有機物の分解を促進させることで、作物に養分を供給する役割や除草の役割も担っている。そのため、夏季休閑技術は、カザフスタン北部やシベリア西部などの半乾燥穀作地帯では重要な位置を占め、穀物栽培体系は、夏季休閑1年─穀物作付け3年から4年の輪作体系が行なわれている。

なお、農業経営は、旧ソビエト連邦当時の集団農場（ソホーズやコルホーズ）が、生産協同組合などと形を変えながら維持されている。生産協同組合の平均耕作面積は200㎢を超えており、穀物畑1筆当たりの平均的な面積は約4㎢（日本の平均的な10a水田の4000倍）と極めて大規模である。また、経済的な制約から、農業機械、燃料、農薬などの投入は限られており、化学肥料の施用もほとんど行なわれていない。そのため、さまざまな新しい技術が開発されても、この地域において農業技術の選択は限られたものとなり、除草や作物への養分供給は、従来からの夏季休閑技術に頼らざるを得ないのが現状である。

急速に消耗し続ける土壌有機物

50年で2〜3割が失われた
─カザフスタン土壌学研究所の調査

中央アジアにおける農業活動が、土壌有機物の動態にどのような影響を与えているのかを検討した研究は、世界的に見てもかなり少ない。しかし、カザフスタン土壌学研究所などが行なった調査によると、自然植生下において長年にわたって蓄積されてきた土壌有機物が、開墾後50年の農業活動によりその2～3割が失われたと報告している。また、コスタナイ州に位置する北西部農業研究センターが行なった調査によると、農業活動による土壌有機物の減耗は、通常チェルノーゼム地域（24％減少）で最も大きく、南方チェルノーゼム地域（20％）および暗色栗色土地域（17％）の順に小さくなることを報告している。これらの研究結果はいずれも、自然植生下での土壌有機物の蓄積に要した時間よりも、農業活動によって減耗する時間の方がかなり速いことを示している。

なぜ、そのように急激な土壌劣化が農業活動によって進行してしまったのか？　また、どうして有機物の減耗は地域性を示したのか？　その解を探るため、バライエブ穀作研究センター（カザフスタン）と京都大学との共同研究チームが行なった、穀物畑における土壌有機物動態の解明調査の結果を紹介していきたい。

5年間で8％の消耗
―バライエブ穀作研究センターとの共同研究

バライエブ穀作研究センターは、首都アスタナから北東方向に約50km離れたアコモラ州ジョルダンディーという町に位置している。研究センターでは、１９６１年から夏季休閑の頻度を変えた長期圃場試験を実施している。この長期試験圃場のコムギ平均収量は2年に1度の夏季休閑頻度（1・85t／ha）で最も高く、6年に1度の頻度（1・73t／ha）で最も低くなる。しかし、土壌有機炭素含量は2年に1度の夏季休閑頻度で最も低くなり、6年に1度の頻度に比

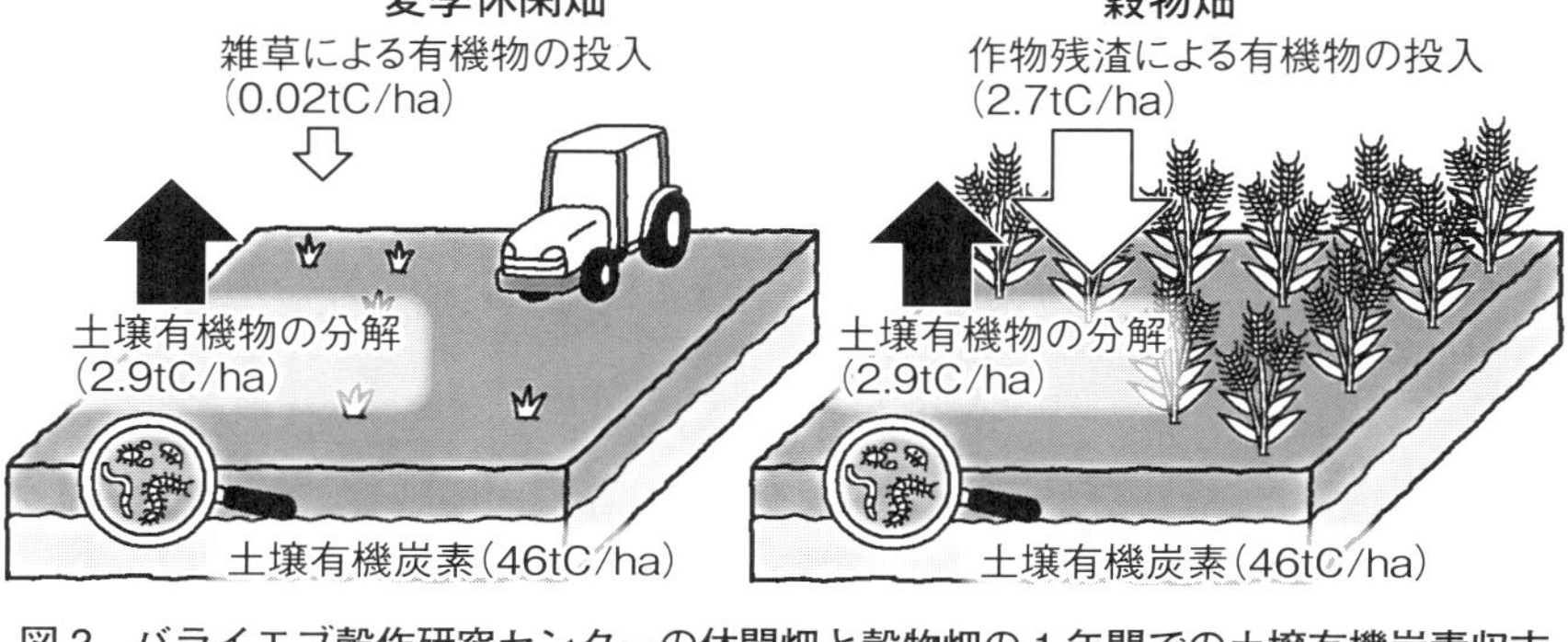

図２　バライエブ穀作研究センターの休閑畑と穀物畑の１年間での土壌有機炭素収支

べて18%も低い。

この試験圃場で、2000年に土壌から放出される二酸化炭素（CO_2）量を実際に測定したところ、休閑畑と穀物畑とでは明確な違いは認められず、土壌有機物の分解は同程度（2・9tC／ha）生じているものと考えられた。しかし、植物による有機態炭素の投入量（休閑畑では雑草、穀物畑では作物残渣）は大きく異なり、休閑畑ではほぼ0に近いが（近隣の休閑畑で0・02tC／ha）、穀物畑では2・7tC／haであった（図2）。そのため、研究センターの試験圃場では、休閑畑および穀物畑の状態でそれぞれ2・9tC／haおよび年間0・2tC／ha（投入量2・7－放出量2・9）の炭素が大気中に放出されているという計算となる。また、研究センターの試験圃場と同一地形面での穀物畑の、表層下0〜30cmの土壌有機態炭素の含量は平均で46tC／haであることから、夏季休閑1年－穀物作付4年の輪作体系の場合、5年間で約8%の有機物が減耗すると推定された。

しかし、この1つの輪作体系における炭素収支の推定は、研究センターの試験圃場という施肥や除草など農地管理が徹底されている環境下での有機態炭素収支であり、1年間のみのモニタリングの結果から算出したものであって、この地域全体に一般化し得るかは判断が難しい。

炭素収支の最新研究から

共同研究チームは、州レベルでの穀物畑の土壌有機物動態の解明に向けて、通常チェルノーゼム地域、南方チェルノーゼム地域および暗色栗色土地域を含む約170万haの穀物畑を調査対象として、現地での炭素収支モニタリング（3年間、最大59地点で実施）、土壌有機物の含量評価、衛星画像解析などにより、炭素収支の解析を行なった。

調査対象地域から、表層土壌（0〜15cm）を518地点採取して有機態炭素の含量を評価したところ、乾燥した暗色栗色土地帯（平均31tC／ha）で最も低く、湿潤な通常チェルノーゼム地帯（平均50tC／ha）で最も高くなり、また、凸地形よりも凹地形で炭素含量は高くなることが明らかとなった。一般的に土壌侵食の影響を受けやすい地域では、凸地形で侵食された有機物の豊富な表層土壌が凹地形で再堆積することにより、このような現象が生じることが確認されている。

炭素収支のモニタリングにより、土壌有機物の含量が多い場所では、土壌有機物の分解に伴うCO_2放出量は多くなる傾向が認められた。また、CO_2放出量は、降雨頻度や地温が上昇すると増加することが明らかとなり、これらの数値を用いることで、土壌からのCO_2放出量を広域的

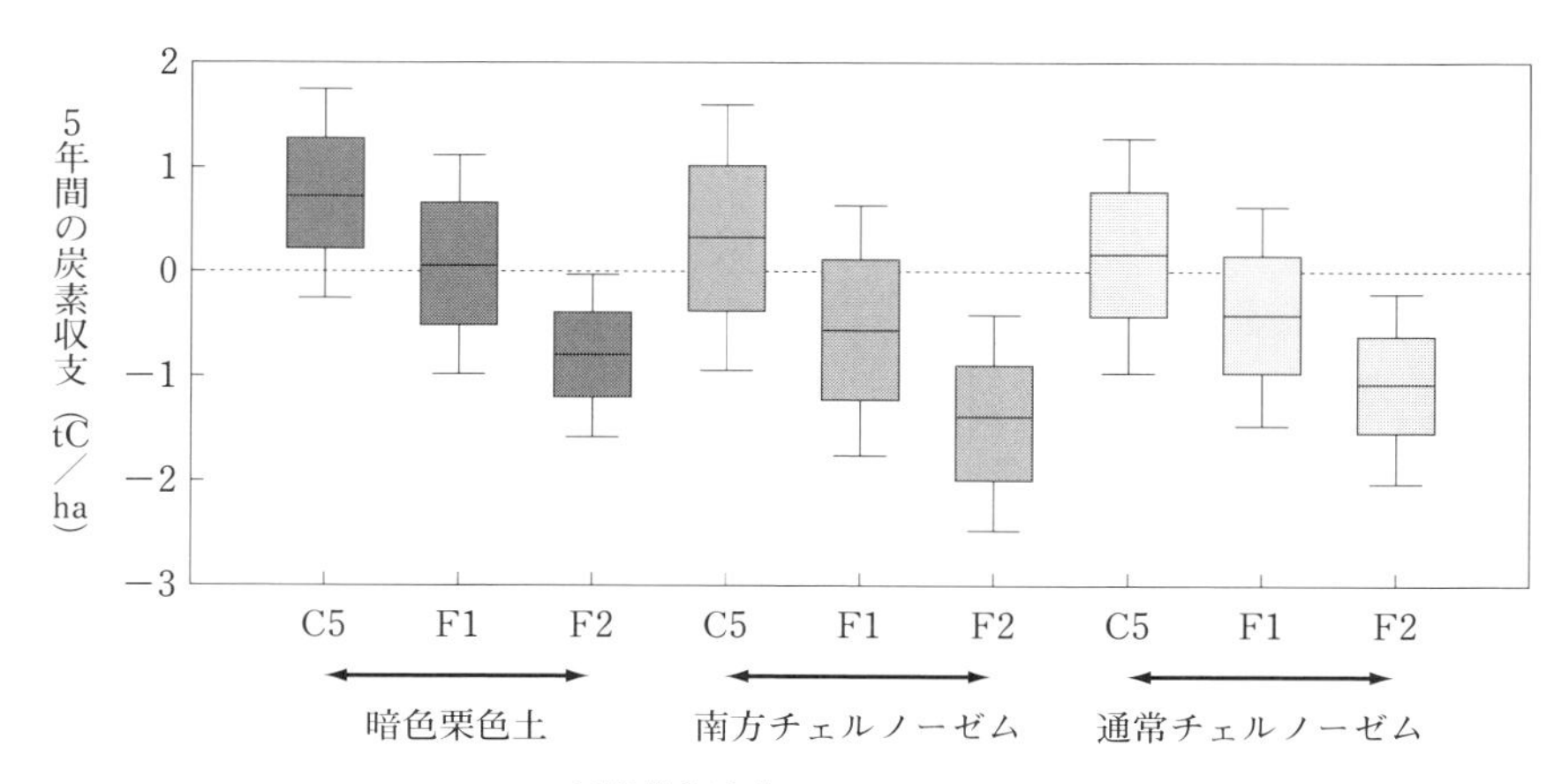

図3　輪作体系ごとの5年間の有機炭素収支

輪作体系ごとの5年間の有機炭素収支の箱ヒゲ図（線の終点は上下5%を示す）

に予測するためのモデル式を構築することが可能となった。

解析の結果は次のようなものであった。炭素投入量および放出量は、調査地域北部に分布する通常チェルノーゼム地域や南方チェルノーゼム地域で高く、南部の暗色栗色土地域で低い傾向であった。土壌有機炭素収支は通常チェルノーゼム地域で低く、暗色栗色土地域で高い傾向を示した。全調査対象地域における5年間での炭素収支の平均値はマイナス0・12（tC／ha）となり、毎年その量だけ有機物の減耗が生じていると推定された。

次に、各種輪作体系ごとの5年間での土壌有機炭素収支の結果を、地域ごとに図に示した。5年間での輪作体系は、図3に示した3つの体系に分類することができた。その結果は、5年連続穀物作付体系（C5体系）下では全地域とも平均炭素収支は正の値を示したが、1年休閑―4年間穀物作付（F1体系）下では、南方チェルノーゼム地域および通常チェルノーゼム地域では炭素収支は負の値となり、2年休閑―3年間穀物作付体系（F2体系）下では、全地域とも炭素収支は負の値を示した。南方チェルノーゼム地域のF1体系では、0・5（tC／ha）の有機炭素が失われたが、同地域に位置するバライエブ穀作研究センター内の試験圃場で得られた減少量3・7（tC／ha）と比較して、小さい値であった。研究センターの試験圃場では、化学肥料の施用や積雪を利用した土壌水分のコントロールが行なわれており、周辺地域に比べて作物栽培の環境が大きく異なる。そのため、研究センター内の試験圃場では、土壌有機物の減耗が急速に進んでしまった可能性がある。

以上の結果から、この地域で画一的に用いられている夏季休閑を輪作体系に取り入れると、土壌有機物の減耗が生じやすいことが分かった。また、その影響は、土壌有機物含量が高くてCO_2放出量が高い通常チェルノーゼム地域、および南方チェルノーゼム地域で強く受けることが明らかとなった。これらのことは農業活動による土壌の有機物の減耗速度には地域性が認められ、有機物含量の高い地域ほど、土壌有機物動態を適正にコントロールするような、夏季休閑に頼らない農地管理方法の確立が重要になることを示している。

夏季休閑は、北米プレーリーにおいても広く用いられてきた半乾燥地農法である。しかし、カナダやアメリカでも、夏季休閑農法は土壌有機物を減耗させ、地球温暖化を促進してしまう農法であると位置づけられ、農法の転換が推奨されている。これらの地域では、夏季休閑農法の代替技術として、不耕起栽培や省耕起栽培の導入が進んでおり、カナダでは２００３年から２０１２年までの10年間に、夏季休閑を実施した圃場の面積は半減していることが報告されている。不耕起栽培や省耕起栽培は、土壌有機物の減耗を低減できる技術であることが広く報告されており、気候が類似したユーラシア・ステップにおいても、土壌有機物動態を適正にコントロールするような農地管理方法として期待されている。現在、バライエブ穀作研究センターでは、不耕起栽培や省耕起栽培による圃場試験が実施されている。土壌有機物の減耗速度の地域性を考慮した代替技術の普及は、もう目前かもしれない。

土壌劣化として現われる症状はいろいろだが、その大本には土壌有機物の減少がかかわっている。
土壌侵食などの物理的劣化、塩類化やアルカリ化などの化学的劣化がなぜ起こるのか？　土壌劣化のそれぞれの症状は、互いに深くつながっていた。目には見えないが、土壌の中で起こっているダイナミックな仕組みが浮かび上がってくる。（編集子）

よりくわしく知りたい人のための

土壌劣化のメカニズム

波多野隆介（北海道大学）

土壌劣化→土地劣化→土地退化

「土壌劣化」とは、農地の不適切な土壌管理により、土壌が本来持つ生産力が発揮できなくなった状態を言う。そのため、食料の安全保障（十分な食料を生産し供給し適切に消費すること）を不安定にする。それだけでなく、不適切な土壌管理は、生産過程の健全性を損ない、環境負荷を引き起こす。つまり、土壌劣化は周囲の環境にも悪影響を及ぼすのである。

よく似た言葉に「土地劣化」がある。土地劣化とは、自然生態系が本来持っている機能が失われる場合を言う。すなわち、自然を開墾して作物生産を行なう農業は、土地劣化の原因そのものということになる。さらに不適切な管理により土壌劣化が起こり、周囲環境にまで悪影響を及ぼすことになれば、土地劣化を回復させること、すなわち土地を自然に戻せないことを意味する。焼畑などの移動耕作は土地劣化を一時的に起こすが、土壌劣化を起こす前に耕作をやめて別の土地に移動することで、決定的な土地劣化を避けてきたと言える。

現在、地球の陸地の33％が土地劣化状態にあり、26億の人がその影響を被っていると言われている。その中で、土壌劣化によって飢餓状態に置かれている人が約９億人。それだけではなく、近年の異常気象では、植物が失われたり土壌が失われて、その土地で半永久的に生活できなくなる、土地が退化してしまうような大規模な災害が頻発している。それが「土地退化」である。とくに、干ばつが続き、植物生産ができなくなっていく砂漠化は世界中で深刻な事態となっている。つまり、土壌劣化が土地劣化を決定的にし、さらに気候変動が土地退化を起こしている。私たちは今、土壌劣化を食い止めるために何ができるか、真剣に考える必要がある。

土壌劣化は、社会的、文化的、経済的、政治的な要因にも強く影響を受け、貧困と農業保護政策が主要因であると言われている。貧困となると土壌へ手当がなくなり、土壌の生産力を急速に低下させる。さらに異常気象で収量が低下すると、貧困はさらに深刻なものとなり、土壌劣化を決定的なものにする。農業保護政策は、過剰な開墾と、過剰な化学肥料、農薬の投入を起こし、生産過程における環境負荷を増加させる。つまり土壌劣化の軽減には、貧困の回避、過剰な農業保護のない政策が必要となるのである。そうできるように、多くの人が土壌劣化を認識し、食料の安全性を製品の良し悪しだけで判断するのではなく、生産のプロセスにも目を向ける姿勢を持たなければならない。

土壌劣化には物理的な劣化と化学的な劣化がある。物理的土壌劣化は、侵食や土壌が固結するクラストや踏圧、化学的土壌劣化は塩類化、アルカリ化、酸性化が含まれる。また生産過程の質が低下した状態で生じる現象として、アンモニアの揮散、窒素流出、温室効果ガスの排出が挙げられる（「私たちにとって土とは何だろう」の農業が及ぼす環境への影響の項も参照）。次に個々の土壌劣化について解説していく。

物理的土壌劣化のメカニズム

自然の土壌生成の過程では、植物の根や地上部の遺体が土壌中に有機物を蓄積させる。その土壌中では土壌動物や微生物が植物の遺体を分解しているが、分解過程でできる有機化合物が、土壌中の粘土と結合して微生物が分解しにくい状態になり、土壌中に残存する。このような土壌有機物を腐植と言う。しかし、農地では作物を収穫する分、土壌へ戻る量は少なくなる。必然的に、農地では自然林地や草地に比べて腐植量が少なくなり、微生物は過去に蓄積された腐植も分解する場合もあるため、土壌の有機物量は減少する。腐植は、粘土や砂の土粒子を架橋して団粒構造を作っている。腐植の分解は、土粒子を架橋する材料を減少させることになるので、土壌の団粒構造は壊れやすくなる。

クラスト、踏圧、侵食などの土壌の物理的な劣化は、土壌有機物量の減少に伴って土壌団粒構造が不安定になり、壊れやすくなることが引き金になっているのである。

クラスト　土壌表面に水たまりができるほどの強い降雨があり、土壌団粒構造が壊れてしまうと、土粒子が水に混じり合って（懸濁）土壌表面に浮き、やがてそれが乾燥すると、土壌表面には硬い板層ができる。これをクラストと言う。クラストができると発芽は阻害され、土壌への水の浸透、通気は妨げられる。クラストを作らせないためには、土壌の団粒構造を強固にする必要があり、これには堆肥などの有機物の施与が欠かせない。堆肥中の栄養元素量を把握し、適正量投入することが大事である。

踏圧　圃場作業の際に土壌団粒構造が破壊され、踏圧が起こる。まず、農業機械の重さで団粒構造が潰れ、団粒間の孔隙がなくなる圧縮状態となる。さらに団粒そのものが潰れて団粒内の水が絞り出され、土壌表面に水が浮き出す圧密状態へと進み、農業機械がスリップを起こして、圃場作業を困難にする。踏圧を受けた土壌は透水不良、通気不良となるとともに、乾燥すると固結して固くなり、根の伸びが妨げられるため、土壌の生産性は著しく低下する。土壌踏圧を防ぐには、降雨後、土壌表層から排水が十分終わってから圃場に入ることが肝要である。排水は、普通の畑では概ね24時間で終了するので、その後、土壌の様子を見て圃場作業をするとよい。

侵食　さらに、土壌の団粒構造が壊れやすくなると、侵食のリスクが高まる。侵食は風や水が強くあたって、粒子が剥ぎ取られてしまう現象で、風による侵食を風食、水による侵食を水食と言う。自然条件でも、山地で年間0・5㎜、平坦地では年間0・05㎜程度の侵食が起こっており、これを正常侵食（自然侵食）と言う。これ以上の侵食を加速侵食と呼び、植被が失われた土壌では、年間1・5㎜から30㎜に達する。加速侵食により肥沃な表土を失うと、土壌の生産性は低下するとともに、風食では粒子が飛ばされて大気を汚染し、水食では粒子が河川を通して流出し沿岸域の水質汚濁や富栄養化、土砂堆積で水圏生物に悪影響をもたらす。アメリカ農務省では、農地からの許容侵食量を1・5㎜としている。侵食の防止には、防風林、土壌表面の保護、排水能を高めることが効果的で、等高線栽培やテラス栽培は、表面水の移動を遅くすることで水食を緩和する技術である。

化学的土壌劣化のメカニズム

塩類化、アルカリ化、酸性化を、化学的土壌劣化と言う。これらは化学的風化作用と密接な関係がある。化学的風化作用とは、地球を形作っている造岩鉱物が酸により分解され、ケイ素とアルミニウム、カルシウム、マグネシウム、カリウム、ナトリウムが溶出して、粘土鉱物に変質する作用である。

造岩鉱物を溶かす主要な酸の起源は、空気中の二酸化炭素である。二酸化炭素は、水に溶けると、炭酸になり、水素イオンと重炭酸イオンに解離します。汚染物質を含まないきれいな雨がこの状態で、pHは5・6程度の酸性になっている。土壌中では、土壌有機物の分解が高濃度の二酸化炭素を供給し、化学的風化が加速される。化学的風化により溶出したケイ素と塩基性陽イオンは、重炭酸イオンとともに、浸透水により下層へ溶脱し、地下水へ排出される。

さて、化学的風化で造岩鉱物は分解されるが、全部が溶けるわけではなく、粘土鉱物として残存する。これは、造岩鉱物はアルミノ珪酸塩鉱物とも呼ばれ、塩基性陽イオンやケイ素とともにアルミニウムが主要な構成元素であるため、造岩鉱物から溶出したアルミニウム酸化物がケイ酸と化合して、粘土鉱物が作られるからである。粘土鉱物は腐植と化合しやすく、有機無機複合体を形成する。有機無機複合体になると、腐植は分解しにくくなり、団粒構造の安定性を高めることになる。

この一連の流れがおかしくなることで、化学的土壌劣化が始まるのである。

塩類化　化学的風化により造岩鉱物から放出された塩類（とくに$NaCl$と$CaSO_4$）は、降雨の少ない乾燥地や半乾燥地では下方へなかなか排出されず、土壌の深さ1m以内の浅い層に集積する。その限りでは大きな問題とはならないが、そこに灌漑が加わると事態は一変する。乾燥地、半乾燥地では、水が作物生産の制限因子となるために、灌漑が作物栽培の必須条件になっている。しかし、灌漑を行なうと、地下に浸透した水が下層の塩類を溶かし、この水が毛管上昇して、塩類を表層に集積させる。このことが、塩類化を進行させる原因となる。こうしてできあがった塩類集積土壌は、ソロンチャックと呼ばれている。塩類が集積して土壌溶液の電気伝導率（EC）が上昇すると、浸透圧が高まり、植物は水吸収が困難になって、耐塩性の弱い作物は栽培できなくなる。作物の耐塩性の目安は、イネで低く（3$dS\ m^{-1}$）以下、小麦で中程度（6$dS\ m^{-1}$）、綿花でやや強い（8$dS\ m^{-1}$）。

アルカリ化　アルカリ化は、塩類集積した土壌を洗い流すときに生じる。洗うことにより余剰塩類は流亡するが、洗浄水に含まれる炭酸が土壌中で重炭酸イオンを供給し、ナトリウムイオンと共存することで著しいアルカリ状態となるために生じる。こうしてできあがったアルカリ土壌は、ソーダ質土壌（ソロネッツ）と呼ばれている。ソーダ質土壌の電気伝導率（EC）は低いが、pHは8・5以上、ナトリウム飽和度15％以上が目安となっている。

塩類集積土壌では、カルシウムイオンが陽イオン交換容量（CEC）の大半を占めているが、塩類集積土壌を洗うとカルシウムが溶脱して、ナトリウムがCECに多く残るという特性がある（希釈効果）。そのため、ナトリウムが相対的にカルシウムより多く残り、重炭酸イオンと対になって溶液に溶存するため、pHを10まで上げる。pHがこのように高まると、それ自体が作物にダメージを与えるだけでなく、微量元素が溶解しにくくなり、作物に欠乏症が出て、土壌の生産性はより低下する。

酸性化　土壌の酸性化は、塩類化やアルカリ化と異なり、基本的に雨の多い地域での自然の土壌生成で生じている。さらに、雨に大気中の酸性物質が混入して加速されるのが、酸性雨による土壌の酸性化である。大気中の酸性物質には、アンモニアおよび窒素酸化物（NOx）やイオウ酸化物（SOx）がある。その由来が問題である。

アンモニアは、尿素系肥料や有機物の分解により発生する。とくに、家畜糞尿由来のアンモニア揮散の問題が指摘されている。アンモニアは大気に揮散すると、降雨に溶けてアンモニウムイオン（NH_4^+）となる。ただし、このときには、降雨はまだ酸性ではない。しかしこれが土壌に入ると、土壌中のアンモニア酸化菌によって硝酸イオン（NO_3^-）に酸化される。これを硝化といい、硝化の過程で酸（水素イオンH^+）が放出される。

一方、NOxやSOxは、バイオマスや化石エネルギーの燃焼により生じ、硝化の過程でもNOが生じる。これらは大気中でNO_2、SO_2となり、OHラジカルと反応し、硝酸、硫酸が生成して、雨を酸性にする。

酸性物質の土壌への混入により、化学的風化がより強く進む。さらに、ＣＥＣに吸着されているカルシウム、マグネシウム、カリウムなどの塩基性陽イオンが、水素イオンと交換されて土壌溶液に溶け出し、硝酸イオンや硫酸イオンと対になって浸透水とともに下層に溶脱する。塩基性陽イオンが溶脱したあとのＣＥＣには水素イオンが吸着しているが、水素イオンは粘土鉱物の骨格を作っているアルミニウムを溶出させ、アルミニウム（Al^{3+}）として水素イオンの代わりにＣＥＣに吸着される。この反応により、pHは4付近まで低下する。アルミニウムの溶出により、水素イオンが消費されるからである。

このアルミニウムイオン（Al^{3+}）は植物には強い毒性があることが知られている。また、pHが低下すると、重金属が溶け出して過剰症が生じたり、リンがアルミニウムと沈殿して吸収できなくなったりする。酸性化の緩和には、炭酸カルシウムの投入が必須であるが、カルシウムは腐植の負荷電に吸着されやすいので、炭酸カルシウム施用と併せて、土壌に堆肥を与えることが酸性化を抑えるには効果的である。

土壌の酸性化には、酸性硫酸塩土壌の生成も挙げられる。沿岸域の泥炭分解により、その下層土が混入した土壌や干拓地、造成時に深層の海成堆積物や火山ガスに影響を受けた堆積物が流入した土壌、あるいは沿岸域の農地で生じる。pHは2程度まで低下する場合もあり、土壌の生産性は著しく低くなる。

酸性硫酸塩土壌は沿岸域の開墾により必然的に作られ

る土壌である。海へ硫酸を排出することになり、沿岸域の生態系にも強いインパクトを与える。このような場所の開墾は避けなければならない。

太陽系で土壌が存在するのは地球だけ。「土壌の王様」と呼ばれる黒い土、針葉樹林下にひっそりとたたずむ貴婦人のような土、ウイスキーの香りをつくる土など、その土地のさまざまな条件によって性格の異なる土が生まれ、その上に個性的な農耕と暮らしが創り上げられてきた。土壌断面との一期一会の出会いをあなたも！（編集子）

地球に生まれた個性的な土壌たち

前島勇治（農業環境技術研究所）

〝土壌の惑星〟＝〝地球〟

私たちは清浄な水や大気を身近に感じ、その恩恵を実感する場面は多いのではないだろうか。例えば、都市近郊から少し足をのばして森や山に出かけていくと、そこには清流が流れ、澄んだ空気が広がり、水や空気をおいしいと感じる。しかし、そこに生態系を支える土壌があることに気づく人は多くないだろう。

ところで、私たちが暮らす地球は、太陽系の第３惑星であり、一般的には〝水の惑星〟と呼ばれているが、実際は大気・水・地殻・生物（動物・植物）が存在する。図１に示すように、それぞれ大気圏・水圏・岩石圏・生物圏と呼ばれ、土壌は「無生物界と生物界を結ぶ大きな架け橋」として地球上の陸上生態系を支えている。したがって〝土壌〟は、岩石・気候・生物・地形の間に生じる複雑な相互作用の進化過程によって地表に生成した歴史的自然体であり、土壌によって構成されている地表の領域は〝土壌圏〟と呼ばれている（永塚　１９８９）。

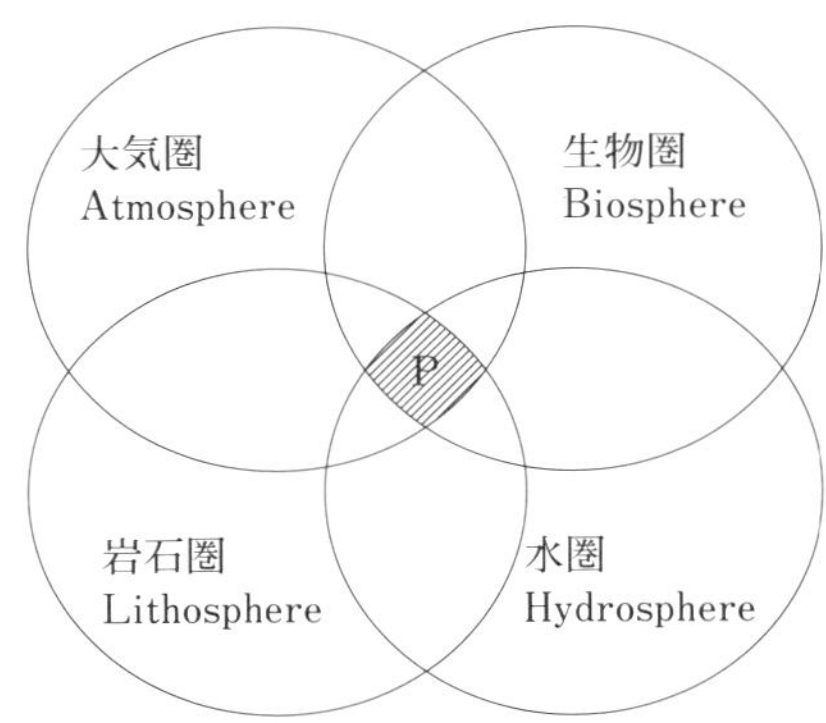

図１　無生物界と生物界を結ぶ大きな架け橋としての土壌圏
（S. Mattson 1938）

偶然の産物かもしれないが、太陽系で土壌が存在するのは実は地球だけである。太陽系には11個の惑星があるが、地球のお隣の金星や火星には土壌が存在しない。近年、火星にはかつて生命の存在があったといわれているが、はたして土壌が生まれていたかどうかは疑問の余地が残る。つまり、太陽からの絶妙な距離感を保っている地球だけが大気と水をたたえ、オゾン層が有害な宇宙線から生物を守り、そして土壌を育んできた。

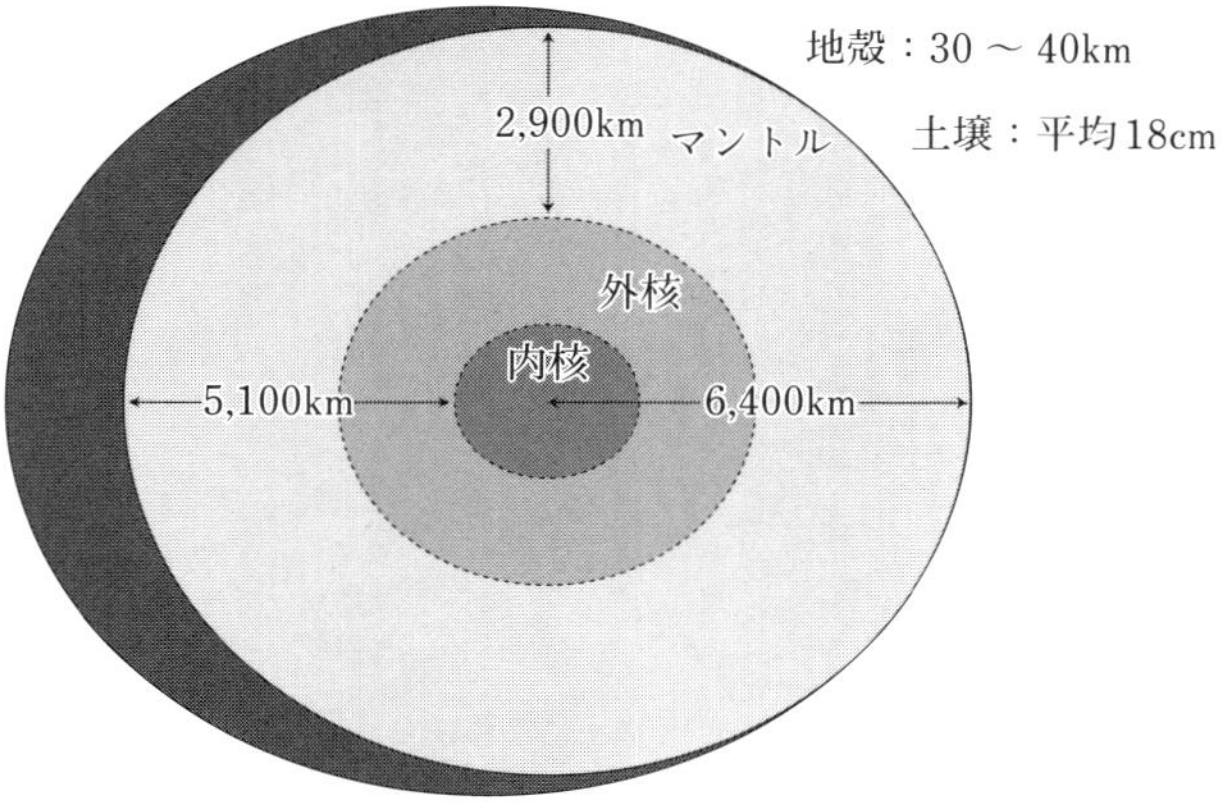

地殻：30 ～ 40km
土壌：平均18cm
2,900km
マントル
外核
内核
5,100km
6,400km

図２　地球の構造と土壌の位置

　さて、地球上において土壌は、どのような場所に存在するのだろうか？

　地球を輪切りにしてみよう。図２に示すように、中心から外側に向かって、核（内核、外核）、マントル、地殻となる。ニワトリの卵でたとえるなら、核＝黄身、マントル＝白身、地殻＝殻といったところだろうか。ところで、問題の土壌の位置はどこ？　というと、残念ながら、図２の中に絵で表現することはできない。ある研究者の試算によると、仮に地球上に存在する土壌をすべて一カ所に集めて、その後、均等に広げると、その平均的な厚さは、約18㎝となるそうだ。つまり、土壌は、地殻の表面を覆う薄皮的存在といえる。また、私たち人間の皮膚が常に新陳代謝を繰り返すように、土壌も生成と侵食を絶えず繰り返している。言い換えれば、土壌は〝地球の皮膚〟なのだ。

　私たち人類は、この〝地球の皮膚〟ともいえる土壌を利用することを学び、文明を開化させ、今日まで目覚ましい発展をしてきた。古代文明の発祥地は、いずれも大河流域であり、そこにはかつて肥沃な土壌が広がっていたといわれている。しかし、その肥沃な土壌の管理や利用方法を誤り、不毛の土地にしてしまった過去を私たちは学んでいる。つまり、土壌は、化石燃料や鉱物資源と同様、代替のできない天然資源であり、〝地球だけに生まれた宝物のひとつ〟といえる。

〝土〟と〝土壌〟はどこが違うの？

皆さんは〝土壌学〟という学問をご存じだろうか？地学（地質学）や農学（農芸化学）の一部と考えられているかもしれないが、近代土壌学の父と呼ばれるロシアのV・V・ドクチャーエフ（１８４６〜１９０３）は「土壌は自然に存在する第四のキングダム（分類上の界）」と位置づけ、この提案は〝土壌学〟を地質学や農芸化学に従属する一分野ではなく、独立した科学として確立させる画期的な契機となった。

ところで、私たちが日常〝土〟と呼んでいる物質は、土壌学では〝土壌物質〟と呼ばれ、厳密には〝土壌〟と区別されている。土壌学で研究対象となる〝土壌〟とは、はたしてどのようなものなのだろうか？　土壌学の教科書には、〝土壌〟を以下のように定義している。

「土壌とは、地殻の表層において岩石・気候・生物・地形ならびに土地の年代といった土壌生成因子の総合的な相互作用によって生成する岩石圏の風化生成物であり、多少とも腐植・水・空気・生きている生物を含み、

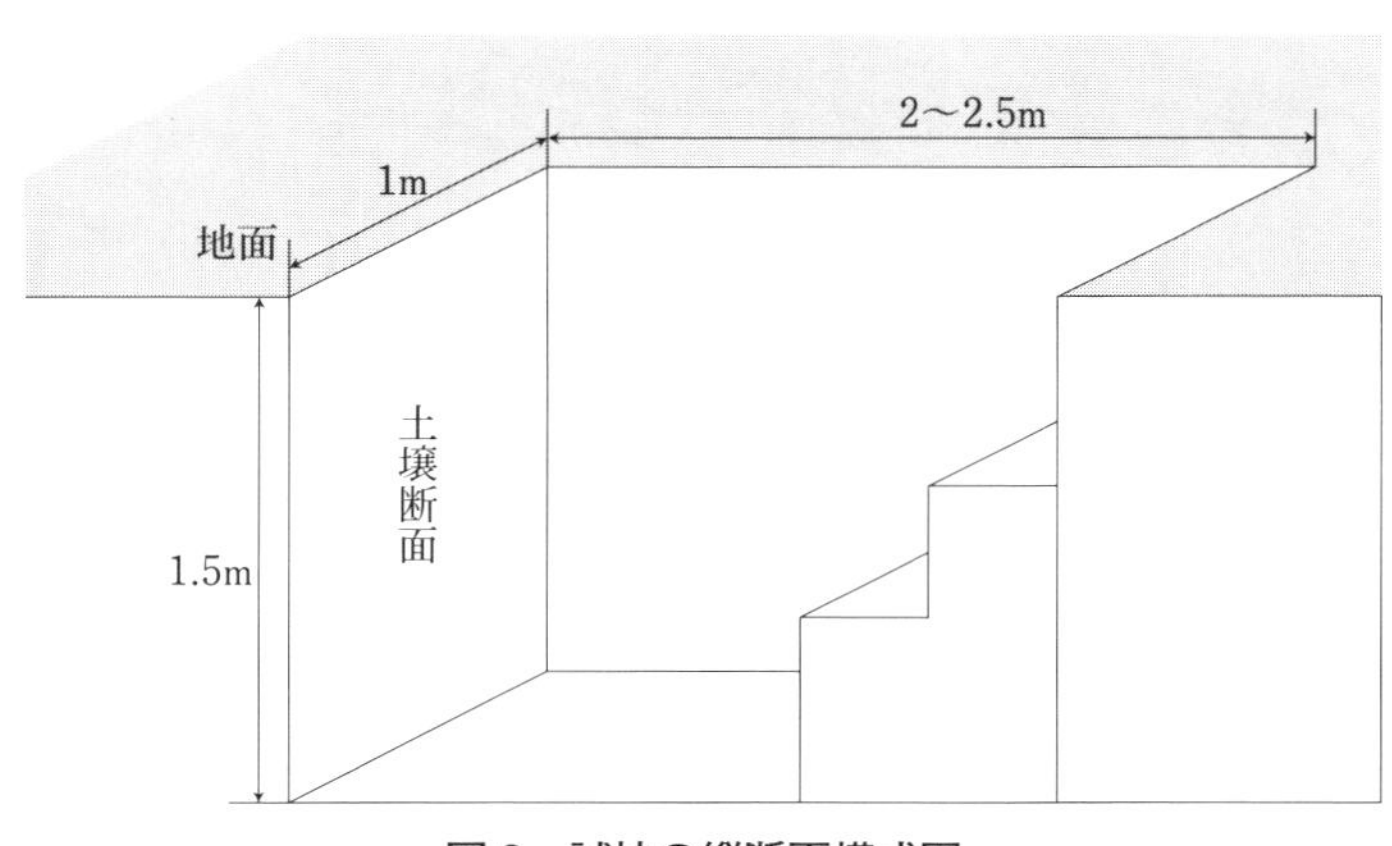

図３　試坑の縦断面模式図

かつ肥沃度をもった、独立の有機―無機自然体である」（大羽・永塚 1988）

実際に〝土〟と〝土壌〟の違いを理解するためには、図3に示したような深さ1～1.5mほどの穴をスコップや鍬で掘り下げ、土壌の観察を行なう。観察する面は移植ごて、ねじり鎌などで平滑に整え、湿った新鮮な面を作る。土壌調査マンは、その面を美しく整え、写真撮影のために、メイクアップ（お化粧）する。この面を土壌学では〝土壌断面〟と呼び、いわば〝土壌の横顔〟である。個人差はあるが、土壌断面には色、根の分布、硬さ、礫含量などの違いでいくつかの層に見分けられる（日本土壌肥料学会土壌教育委員会編 1998）。

先人たちのたゆまぬ努力により、土壌は、地球の皮膚でありながら、さまざまな〝横顔〟をもつことが明らかになってきた。よく、ひとにぎりの土（土壌物質）を持ってきて、「この土に名前を付けて下さい」と尋ねられることがある。しかし、これは例えば、ある昆虫の足を一本持ってきて、この昆虫の名前を付けて下さいと言っていることと同じである。つまり、土壌の分類や命名は、土壌物質ではなく、「土壌断面＝土壌の横顔」を基本に行なわれており、これは国内外問わず、万国共通の認識であるが、まれに「土壌学を専攻しています」という学生・研究者であっても理解していない場合があり、非常に残念に思うことがある。

〝地層〟と〝土壌層位（土層）〟の違い

土壌の横顔にはいくつかの層を見分けることができると書いたが、地学の教科書に出てくる地層と、土壌学の土壌層位（土層）とはどのように違うのだろうか？ 少し堅苦しくなるが、それぞれを整理してみよう。

〝地層〟とは、河川の作用（営力）や火山の噴出物が地表に堆積したもので、岩質や粒度などに一定の特徴をもつ材料が層状に集合したものをさす。砂層、礫層、軽石層など、地質学的な堆積作用による層は〝層理〟と呼ぶ。

一方、土壌断面を構成する〝土壌層位〟とは、地層と同じ材料からできているが、そこに気候的要因やこれに影響を受ける動植物の生命現象に起因する物質の蓄積、循環や移動・蓄積が相互作用として働き、垂直的に一連の関連性をもつ特徴が層状に生じたものをさす。これらの層を〝層位〟と呼び、表層から下層への層位の配列は〝層序〟と呼ぶ。

このように、土壌断面はいくつかの土壌層位に分けられるが、一般に、土壌層位は上から順にA、B、Cといった3つの主層位に分けられる。

A層：通常、最表層にあって、生物の影響を最も強く受けている層位で、腐植（土壌中の有機物）によって暗色~黒色に着色されている。一般に〝表土〟と呼ばれる部分はこの部分に相当する。ちなみに農作物生産のために、耕耘・施肥・灌漑などが繰り返し行なわれるA層の全部あるいは一部を〝作土（あるいは耕土）〟と呼ぶ。

B層：A層とC層の間にあって両者の中間的性質を示す部分。一般に〝下層土〟とか〝心土〟と呼ばれている。

C層：風化した岩石の破片からなり、A層やB層ができるもとの材料（母材）の部分で生物の影響を受けていない層位をさす。

つまり、〝土壌〟とは、生物の影響を受けたA層とB層の二つの層位の組み合わせによって構成されている地表の部分をさし、〝土〟とはA層、B層、C層それぞれを構成する物質そのものをさす場合と全体をさす場合があり、〝土〟という言葉は〝土壌〟と比較して広義に使われている。以下では〝土壌〟という言葉をあえて使うこととしたい。

地球上の代表的な土壌

H・イエニー（1941）は、土壌を以下のような関係式で表現した。

$$S = f(cl, o, p, r, t)$$

ここでS：土壌、cl：気候、o：生物（植生）、p：母材・母岩、r：地形、t：時間をさす。現時点では、この具体的な式は明らかになっていないが、これまでの研究により、これら5つの変数に〝人為〟を合わせた6つの変数を〝土壌生成因子〟と呼び、その大小により、さまざまな土壌が地球上に存在することがわかってきた。ここでは、地球に生まれたユニークな土壌を、各土壌生成因子の影響の度合いから整理した一例を紹介しよう。

なお、土壌分類名は歴史的経緯から各国でさまざまな呼び名（ローカルネーム）があり、土壌に対する認識の違いや誤解を生み出す一因になっている。そこで最近では、国際的なコミュニケーションツールとして、アメリカの土壌分類体系（Soil Taxonomy）または世界土壌照合基準（World Reference Base for soil resources WRB）が利用されている。本書ではWRBの分類名を用いることにした。

気候（cl）や植生（o）に強い影響を受けた土壌

永久凍土地帯の土壌

北半球の大陸北部やグリーンランドの周辺部は、ケッペンの気候区分では、ツンドラ気候（ET　最暖月の平均気温が0℃以上10℃未満）に属する。〝ツンドラ〟という言葉から皆さんは何を想像するだろうか？　トナカイがコケをはんでいる、極寒の地域を想像する方が多いのではないだろうか？　そこの土壌は、地衣類や蘚苔類が枯れてもほとんど分解されずに堆積するため、強い酸性を示すとともに、通常、その下部には、還元的な特徴を示す永久凍土層が続く。ＷＲＢではクライオソルと呼ばれる。

ちなみに、ツンドラとは、サーミ語・ウラル地方の言葉で「木がない地域」を意味する。農業には適さないため、主にトナカイの遊牧や狩猟・海洋漁業、鉱物資源に依存した鉱業が主体となっている。一方、近年、地球温暖化の影響により、この永久凍土層が溶け始めていると報告され、永久凍土層の融解に伴いメタンや二酸化炭素が大気中に放出されると、温暖化傾向をさらに加速するのではないかと懸念されている。

亜寒帯（北方）林の土壌

ケッペンの気候区分の亜寒帯（Ｄ）の針葉樹林（タイガ）の下には、真っ白な層位（漂白層）と、その下部に有機物、鉄やアルミニウムの酸化物が集積した層位（集積層）のコントラストが美しい土壌が出現する。ＷＲＢではポドゾル（ロシア語で〝灰のような土〟という意味）と呼ばれる。

この地域では年間を通じて低温のため、林床に供給された落葉の分解は緩慢であり、厚い堆積腐植層（〝Ｏ層〟）が形成される。そのＯ層で生成される酸性物質（主に有機酸）が、表層付近の土壌中のミネラル分（カルシウム、マグネシウム、カリウム、ナトリウム）に加えて、鉄やアルミニウムの酸化物まで溶解し、雨水の浸透とともに下層へ洗い流し（洗脱）、その結果できた漂白層をＥ層と呼ぶ。さらに、それらの鉄やアルミニウムの酸化物が下層で再沈殿・集積するその有り様は、まさに天然のクロマトグラフィー実験といえる。

この一連の過程は「ポドゾル化作用」と呼ばれ、土壌は、灰白色、黒色、赤褐色のカラフルな顔つきになる（写真1）。土壌中におけるダイナミックな物質の動きを肉眼で確認することができ、土壌生成作用の醍醐味が凝縮されているといえる。日本では北海道北部および本州、四国、九州の亜高山帯に分布する。さながら、針葉樹の林の下にひっそりとたたずむ貴婦人と思うのは私だけだろうか。

草原の肥沃な黒い土壌

ケッペンの気候区分のステップ気候（BS）下には、真っ黒な土壌が分布する（写真2）。ＷＲＢではチェルノーゼムまたはファエオゼムと呼ばれる。ドクチャーエフは、

写真１　コメツガ、オオシラビソ林とポドゾル（埼玉県十文字峠付近）

自身の博士論文「ロシアのチェルノジョーム」でこのチェルノーゼムを取り上げている。チェルノーゼムは、ロシア語で〝黒い土〟という意味で、コムギ栽培に非常に適しており、ロシアからウクライナにかけて広く分布し、世界の穀倉地帯を支える重要な土壌である。地球に生まれた最も肥沃な土壌であり、〝土壌の王様〟と呼んでも異論はないだろう。

この地域は年降水量が少なく、イネ科草本植生が優占し、その草本植生から供給された多量の有機物が表土に蓄積するため、有機物に富む黒い厚いＡ層（通常１ｍ程度）が形成される。その下層は灰褐色を示し、所々に黒い土がスポット状に観察でき、これはステップマーモットに代表されるげっ歯類が縦横無尽に巣穴を形成した跡で、〝クロトヴィナ〟と呼ばれ、チェルノーゼムの特徴のひとつとなっている。

一方、北米大陸中央部のプレーリーもダイズやトウモロコシの大生産地となっており、チェルノーゼムと同様、黒色の肥沃なファエオゼムが分布している。ところで、これらの土壌には、なぜ黒色を示す有機物が多く蓄積されているのだろうか？

これらの地域はいずれも雨季と乾季が明瞭な半乾燥地域であり、乾季には土壌中の水の動きが下方から上方へ向かう。この際に、カルシウムなどのミネラル分が土壌

写真２　チェルノーゼムとその景観（カザフスタン）

チェルノーゼムとは、ロシア語で“黒い土”。地球に生まれた最も肥沃な土壌であり、“土壌の王様”

系外に溶脱されることなく、土壌中に留まる。そして草本植生から供給された多量の有機物は、土壌中に含まれるこのカルシウムと結合することにより安定化し、微生物による分解から免れるため、有機物が年々集積すると考えられている（これを「腐植化」と「腐植集積作用」と呼ぶ）。近年、これらの肥沃な草原土壌が企業的な大規模開発の対象となり、土壌侵食と有機物の消耗の危機に直面し、その適切な管理や保全が重要な課題となっている。

草原の栗色の土壌

温帯の乾燥したステップ地帯（年降水量２５０～３００㎜）には、熟した栗の実の色に類似した暗褐色の土壌が分布する。ＷＲＢではカスタノーゼムと呼ばれる。

この地域は、チェルノーゼムやファエオゼムが分布する地域よりも年降水量が少なく、ハネガヤ類・ウシノケグサ類・ヨモギ類などの丈の低いステップ性草原が広がり、地表付近から白色の炭酸カルシウムや石膏（硫酸カルシウム）の集積（「石灰集積作用」と呼ぶ）が認められる。適切な灌漑を行なえば農業生産力は高い土壌であるが、チェルノーゼムやファエオゼムと同様に、土壌侵食や有機物の消耗の危機に直面している。

沙漠地帯の灰色の土壌

乾燥ステップ地帯より、さらに乾燥した沙漠に近い地帯では、まばらな乾性植生（ヨモギ類やオカヒジキ類）となる。これらの地域には、最表層から炭酸カルシウムが集積した土壌が分布する。ＷＲＢではカルシソルと呼ばれる。

土層の分化は非常に弱く、有機物の少ない薄いＡ層の下にはＣ層が続く。しかし、降水量は少なくても土壌動物（主に昆虫類）は活動し、土壌断面の比較的浅い層（30〜40㎝）には、その痕跡が斑点状に多数観察できる。また、土層の深いところには、石膏の集積した白色の美しい結晶が見られる（前島・佐野　２００１）。カルシソルでも灌漑施設が整えば、ワタやイネなどの栽培が可能であり、貴重な農耕地土壌である。

熱帯のやせた赤い土壌

年間を通じて高温・多湿な熱帯雨林気候帯や熱帯モンスーン気候帯には、非常にやせた土壌が分布する。アフリカ大陸や南米大陸など、古く安定した地形面上では、長期間の土壌生成作用と風化作用により、植物を育てる栄養分が土壌からほぼ失われ、鉄やアルミニウムの酸化物と、風化しにくい石英の粒子などの残留物が主体となる。粘土鉱物は、カオリン鉱物と呼ばれるケイ酸塩鉱物に限られ、「粘土の機械的移動（表層の粘土が分解されずに、そのまま浸透水とともに下層に移動集積する過程）」は認めらない。また、鉄の酸化物（ヘマタイトやゲータイト）やアルミニウムの酸化物（ギブサイト）を多量に含む。

これらの一連の過程は「鉄アルミナ富化作用」と呼ばれ、その結果、生成した土壌を〝鉄アルミナ質土壌〟と呼び、ＷＲＢではフェラルソルと呼ばれる。

ちなみに、熱帯のやせた土の総称として、高等学校の地学や中学校の地理の教科書では、〝ラテライト〟という用語がかつて使用されていたが、今日、土壌の名称として〝ラテライト〟は使用せず、上記の鉄アルミナ質土壌の下層にしばしばみられる紅白の網状斑を示す部分（〝プリンサイト〟と呼ばれる）が乾湿のくりかえしを経て、不可逆的に硬化したものを〝ラテライト〟と呼ぶことに限定し、主に建築用のレンガや道路の舗装に利用されている。

塩類土壌

塩類に富んだ地下水が毛管上昇して地表面から蒸発する際に、土壌内部や土壌表面に塩化物や硫酸塩などの可溶性塩類が集積する。この過程（「塩類化作用」と呼ぶ）でできた塩辛い土壌（塩類集積土壌）は、ＷＲＢではソロンチャックと呼ばれる。主にステップ、乾燥ステップ、半沙漠、沙漠地帯など、乾燥した条件下で形成される。塩化ナトリウムや硫酸ナトリウムを主体とし、他に、カルシウムやマグネシウムなどの塩化物や硫酸塩を地表面近くに多量に含み、それらが薄い白色の皮殻となって地表面を覆っている様から、かつては〝白アルカリ土〟といわれていた。この土壌が広がる地帯の植生は、塩生植物（海浜・海岸砂丘・塩湖岸など高い塩濃度の土壌に生える高等植物）がまばらに生えているだけで、放牧地として利用されることが多い。

内陸の乾燥地域の排水不良地では、塩類化作用に続いて、「アルカリ化作用」が進行する場合がある。この過程を受けた土壌（ソーダ質土壌）は、WRBではソロネッツと呼ばれる。

塩類集積土壌の塩類が溶脱しはじめると、炭酸ナトリウムが生じ、アルカリ性（pH9～10）になって有機物が溶解し、土層全体が暗い色を示すようになるため、この土壌をかつては〝黒アルカリ土〟と呼んでいた。ナトリウムで飽和された粘土が多いため水を吸収して膨潤しやすいが、乾燥すると割れ目ができるため、下層に特徴的な〝円柱状構造〟が発達する。ソーダ質土壌は強アルカリ性を示すため、アカザなどの特殊な塩生植物しか生育できず、農耕地には適さない。なお、塩類集積土壌からソーダ質土壌への移行は、盆地内の地形環境の変化による地下水位の低下、あるいは人為的な灌漑によって生じると考えられている。

ソロネッツの中には、さらに洗脱作用をうけ、表層から粘土や交換性の陽イオン、鉄やアルミニウムの酸化物などが減少し、白色薄片状の溶脱層が形成され、下方には粘土の集積層がみられるようになるものもある。この過程を「脱アルカリ化作用」と呼んでいる。このような土壌は弱アルカリ性を示し、カルシウムやマグネシウムなどのミネラル分を含むため、農耕地として利用可能である。しかし、自然状態では水が集まる低地に局所的に分布するため、大規模な耕地化は難しい。

母材（p）の影響を強く受けた土壌

火山灰の影響を受けた黒い土

火山灰や火山放出物を母材とし、チェルノーゼムと同様、団粒構造の発達した、有機物に富む黒色の厚いA層が特徴的な土壌である。物理性は良好で、軽くて砕けやすい。足で踏むと、ボクボクとした感触から、わが国では古くから広く農民に「黒ボク土」と呼ばれてきた。その保水性・排水性は非常に良好である一方、多量に存在する活性なアルミニウムがリン酸を強く固定するため

（〝リン酸の特異吸着〟と呼ぶ）、農作物のリン酸欠乏が生じやすく、肥料が普及するまでは、農業利用上の問題土壌として扱われてきた。

黒い有機物が多量に集積するメカニズムは、ススキやチガヤ、ササなどの背丈の高い草本から供給される有機物がアルミニウムと結合して安定化し、微生物による分解から免れるため有機物が年々集積するという考え方と、人為的な火入れや野火に起因する炭化物説がある。いずれにしても炭素貯留という観点からは、その存在は絶大であり、黒色表層をいかに保全すべきかが重要な課題である。

ＷＲＢではアンドソルと呼ばれ、「アンド」は「暗い土」を意味する日本語に由来するといわれている。その分布は環太平洋造山帯やイタリアの西海岸、西インド諸島、ハワイ諸島など火山活動の活発な地域周辺が主であり、世界的な分布面積は限られるが、黒ボク土に関する研究については、今後もわが国の土壌学者が担うべき役割は大きい。

膨張性の材料からできた土壌

雨季と乾季が明瞭に交替する、熱帯～亜熱帯の低地に広く分布する。乾季には土壌が乾燥して、鉛直方向に亀裂（深さ50㎝以上で幅１㎝以上）が入る（写真３）。粘土質（粘土含量30％以上）な土壌で、その粘土はスメクタイトと呼ばれる膨張性粘土鉱物を主体とするため、乾季には収縮して大きな亀裂を生じ、表層では細かい堅い粒子が作られ、その一部は亀裂の中に落ち込む。雨季には膨張して亀裂をふさぎ、下層で強い圧力が生じるため、下層の土壌物質は上方に持ち上げられる。このような収縮と膨潤の繰り返しによって土壌物質が上下に回転することから、ラテン語の回転を意味する *verto* からバーティソル（Vertisols）と呼ばれるようになり、ＷＲＢでもその名前が用いられている。

また、下層では土壌構造が相互に押し合い、すべりあうため、〝スリッケンサイド〟と呼ばれる、光沢をもった構造面が形成される。さらに、地表面には〝ギルガイ〟と呼ばれる凹凸の微地形が形成され、バーティソル地帯の特徴のひとつとなっている。バーティソルの代表選手として、インドのデカン高原に分布する〝レグール土〟がしばしば例にあげられ、黒綿土という別名もあるほど綿花栽培に適した土壌であり、インドの農業生産を支える重要な土壌である。

有機物が堆積した土壌

植物遺体の分解が不完全なために堆積したもので、有機物含量の極めて高い（通常20％以上）土壌である。Ｗ

写真３　バーティソルとその景観（タイ）

雨季と乾季が明瞭に交替する、熱帯〜亜熱帯の低地に分布。乾期には土壌が乾燥し、鉛直方向に亀裂が走る

ＲＢではヒストソルと呼ばれる。有機物の堆積速度は平均１㎜／年という値で、非常にゆっくり発達することがわかる。排水と酸性矯正を行なうと、畑地や草地として農地利用が可能なため、従来から利用・開発が進められてきた。しかし、一度、排水乾燥すると著しく収縮し、吸水能力も低下するため、地盤沈下を引き起こす。また、有機物の分解が急速に進むため、大気中に二酸化炭素を放出し、地球温暖化を加速する原因となりかねない。さらに近年、冷温帯に限らず、熱帯地域に分布する泥炭地の急速な開発は大きな地球環境問題であり、その管理が注目されている。

一方、ヒストソルの主体をなす泥炭は農業上の利用以外にも、ウイスキーの風味付け、園芸植物の保水材（ピートモス）や堆肥の原料など、私たちの生活の中で多岐多様にわたり利用されている。泥炭はその開発・利用と保全のバランスが問われる土壌であるといえる。

石灰岩上の赤や褐色の土壌

テラ・ロッサという名前は、高等学校の地理の教科書に必ず出てくるほど有名であり、どこかで聞いたことがある人も多いだろう。かつては、夏季乾燥、冬季湿潤で温暖な地中海性気候下の石灰岩上に発達する、赤色の土壌の総称（ラテン語に派生したイタリア語の〝テラ＝土、ロッサ＝赤い〟の意味）として使われてきたが、近年は石灰岩上の赤色の土壌母材をさすことが多い。同じ地中海性気候下の石灰岩上でも、褐色の土壌母材は〝テラ・フスカ〟と呼ばれている。これらの土壌は、ＷＲＢではルビソルと呼ばれる。

前者は古い段丘のしかも侵食を免れた安定した地形面上に限って分布し、侵食面や新しい段丘上には分布しないため、古土壌（過去の地質時代の温暖期に形成した化石土壌）と考えられている。後者は脱石灰化を受けた母材あるいは非石灰質の母材から形成され、褐色を呈し、腐植に富むA層とち密なB層が特徴である。

テラ・ロッサは一般に有機物に乏しく、炭酸塩は溶脱されていて、炭酸カルシウムの集積層は形成されていない。しかし、ミネラルに富んでおり、土壌のpHは微酸性～中性を示す。土層内では「粘土の機械的移動」によって〝粘土集積層（アルジック層と呼ばれる）〟が形成され、その土壌構造面には〝粘土皮膜〟が認められることが多い。また、土壌中の鉄酸化物の結晶化が進み、ヘマタイトと呼ばれる鉄鉱物が二次的に生成された結果、土層全体が赤みを帯びる。その土壌母材は大量の石灰岩が溶解してできたとする考えと、サハラ沙漠から風によって運ばれた塵の堆積物であるという考えがあり、現在も議論の対象となっている。農業上の利用は、乾燥に強いコルクガシ、オリーブ、ブドウ、柑橘類などの栽培が盛んで、牧畜も行なわれている。

地形（r）や水の影響を強く受けた土壌

山地の斜面にはりつく貴重な土壌

山地の急斜面上には、ケイ酸塩岩石やケイ質岩を母岩として生成した、腐植に富む黒色のA層の直下に、岩石の破片からなるC層や岩盤に直結する、B層を欠いた土壌が存在する。その立地条件から、常に侵食にさらされ、土壌生成の初期段階にとどまっている土壌であるといえる。

また、森林限界を超えた風衝地（山頂や尾根付近で強風が吹きつけるため冬季の雪が吹き飛ばされて積雪のない地帯）やお花畑にも、B層を欠いたA／C断面をもつ土壌が分布する。

これらの土壌はいずれも土層が薄いことから、ＷＲＢではレプトソルと呼ばれる。

排水の悪い土壌

皆さんは青い色の土を見たことがあるだろうか？　排水の悪い凹地や、年間を通じて地下水面の高い土地には、土層内に水が停滞することにより酸素が不足して還元的になり、その結果、還元された2価鉄が生成し、その色により土層全体が青みを帯びてくる。WRBではグライソルと呼ばれる。日本語の灰色（グレイ、grey）と混同されることが多いようだが、グライ（gley）は、「ぬかるみの土塊」という意味のロシア語の俗語に由来する。

干拓地やマングローブ林の土壌

干拓地や熱帯・亜熱帯のマングローブ地域では、パイライトと呼ばれる硫化鉱物を含む、海底または湖底の堆積物から生成した土壌が存在する。乾いて陸化すると、パイライトが酸化されて遊離の硫酸を生じ、最終的には土層全体が強酸性（pH3以下）を示すようになる。このようにして生成した土壌は、酸性硫酸塩土壌と呼ばれ、かつては干拓地の農地利用、近年は内陸地の大規模開発による法面被覆植物の生育不良など、しばしば開発・利用上の問題になる。

酸性硫酸塩土壌か否かの判定には、湿潤土壌に過酸化水素水を加えて、その上澄み液のpHを測定することにより判別できる。また、酸性硫酸塩土壌はジャロサイトなどの塩基性硫酸第二鉄化合物を含み、ネコの糞のような黄色を示すので〝キャット・クレイ〟とも呼ばれている。このような土壌も、WRBではグライソルに相当する。

時間（t）の違いによる土壌

未熟な土壌

土壌母材が新しく、土壌生成の初期段階にある層位分化の進んでいない、あるいは進行途中の土壌をさす。例えば、花崗岩地帯の表層侵食・再堆積したマサ土の堆積物、年代の若い砂丘に由来する土壌、泥灰岩（沖縄の方言で「クチャ」）由来の土壌（沖縄の方言で「ジャーガル」）などで、いずれも若い土壌であり、WRBではレゴソルと呼ばれる。侵食や開発から免れれば、種々の土壌生成作用を経て成熟した土壌へ向かう。いわば土壌の赤ちゃんと言うべき存在だが、例えば、砂丘土壌の利用として、わが国ではメロン、ネギ、ダイコン、ブドウ、ラッキョウ、カンショなどの栽培が行なわれており、農耕地利用の観点からは立派な土壌であるといえる。

人為の影響の強い土壌

水田の土壌

周知のとおり、モンスーンアジアでは水田を整備し、稲作栽培を行なっている。落水後の田んぼであっても、深さ1mの穴を掘るのは至難の業であるが、わが国の土壌学者は、水田の土壌を昔から研究対象とし、その研究

写真４　水田の土壌とその調査風景
灌漑水の影響により、酸化と還元が繰り返され、土壌断面は独特の様相を示す

成果を国内外に発信してきた（写真４）。
水田の土壌は、季節的な灌漑水の影響によって独特な断面形態を形成する。還元的な作土層の直下には、耕盤層（すき床層）を有し、その下には酸化・還元に伴う鉄やマンガンの斑紋・結核が観察できたり、条件によっては、鉄やマンガンの集積した層が形成されたりする（「水田土壌化作用」と呼ぶ）。ＷＲＢではアンスロソルと呼ばれる。水田土壌に関する研究は、黒ボク土と同様、日本の土壌学者の諸先輩方が世界をリードしてきた。

目の前の土壌断面とは一期一会

２０１１年3月11日に発生した東日本大震災では、津波被害による農地の塩性化や、原子力発電所の事故により放出された放射性物質による深刻な土壌汚染が起こった。それらの影響は今なお続いており、その記憶は決して風化させてはいけない。皮肉なことだと思うが、私たちは健全な土壌を失って初めて、その大切さを認識したといっても過言ではない。

私は土壌断面調査の際に、ある著名な先生にいわれた言葉をいつも思い出す。「今、目の前にある土壌断面（土壌の横顔）とは一期一会です。あなたは人類の代表として土壌断面と向き合っているのですから、その責任は重大であり、謙虚な気持ちで土壌断面と真剣勝負すべきです」という言葉を。

土壌断面にはさまざまな過去の歴史的な情報が詰まっており、私たち人類はその情報を正確に読み取るべく、土壌学を深化させてきた。土壌断面は時に神秘的かつ芸術的であったり、時に私たち土壌調査マンを困惑させる複雑な顔つきをしたりする。土壌は、普段、多くを語らない存在ではあるが、私たちは足下に広がる土壌を、かけがえのない地球の天然資源として再認識する必要はないだろうか。自然の営みが作り上げた宝物である土壌を適切に管理・利用するために、土壌にもっと関心を持ち、深く知ることが必要ではないだろうか。次世代へ負の遺産を引き継がぬよう、土壌と真剣に向き合う必要はないだろうか。国際土壌年２０１５を迎えた今こそ、土壌と人類が共存する道への岐路に私たちは立たされている。

世界の農地の約７割は不良土壌。そんななか、日本の農地の約５割は肥沃な沖積土、約２割は物理性良好な火山灰土。地球表面をゆっくりと移動するプレート境界に位置する日本列島は、地震や火山活動は活発だが、雨も多く、多様で豊かな土壌と環境に恵まれている。資材多投の農法が、生物多様性喪失の危機を招いている……。（編集子）

豊かで多様な日本の土壌

平舘俊太郎（農業環境技術研究所）

生態系サービスを支える土壌

私たちの暮らしは、現代文明から多大な恩恵を受けているが、生態系が提供する恩恵の重要性が低下したわけではない。例えば、供給サービス（食糧、原材料、バイオマスなどの供給）、調整サービス（気候、水量、水質などの調整）、文化的サービス（精神的な刺激や科学の発展など）、基盤サービス（ミネラルの循環、空気や水の浄化など）は、生態系が提供する恩恵であり、これらの損失が起これば、現代においても私たちの暮らしは大きなダメージを受ける。これらの恩恵は、まとめて生態系サービスと呼ばれる。

生態系サービスは、かつては頑強であり容易に変化するものではなかった。しかし、私たち人類の生態系に対する影響力が強大になった今日においては、非常に脆弱なものとなってしまった。この生態系サービスを今後も私たちが享受するためには、この生態系サービスを支えている要のシステムを理解し、それを保全する必要がある。この要のシステムとして生物多様性（多くの種類の生物が生息していること）の重要性が強調されることが非常に多いが、よく見ると、いずれの生態系サービスに対しても土壌が深く関わっていることが理解できるだろう。例えば、農産物の生産、水質の浄化、ミネラルや酸素の循環などは、まさしく土壌を舞台にして起こっている。そして、土壌がダメージを受けて傷つけば、これらの機能もダメージを受けることになる。

実は、土壌は生物多様性と密接な関係がある。土壌は場所によって性質が異なり、それに伴ってそこに生息する生物の種類も異なり、必然的に対応する生態系サービスの質も異なる。すなわち、私たちの暮らしは土壌に支

図　日本の統一的土壌分類体系による土壌図（菅野ら 2008）

えられている側面があり、その重要性は生物多様性に匹敵すると言える。加えて、土壌は多様であること自体にも価値があると言えるだろう。土壌は多様であるだけに、土壌を持続的かつ適切に利用するためには、その土壌の性質を的確に把握することが重要である。

世界全体でみると、農耕地土壌の約7割は、前章で述べたようなフェラソル、カルシソル、ポドゾルなどの不良土壌が占めており、チェルノーゼムやファエオゼムなどの肥沃な土壌は3割程度にすぎない。一方、日本は国土の8割以上をアンドソル、カンビソル、フルビソルなどの比較的養分の豊富な若い土壌が占めており、世界的にみても農業生産に適していると言える。ここでは、日本に分布する土壌の性質を紹介する。

生成因子からとらえる日本の土壌の性質

日本に分布する土壌は、豊富な降水量を反映して、大部分が弱酸性あるいは強酸性である。これは、豊富な降雨の浸透により土壌中の塩基類（カルシウムイオン、カリウムイオン、マグネシウムイオンなど）が溶脱され、代わりに雨水中に含まれる酸（H^+）が土壌中に保持・濃縮されるためである。このことは、世界の約3割を占める乾燥地あるいは半乾燥地の土壌が、弱アルカリ性あるいは強アルカリ性を示すことと対照的である。このように、日本の土壌は弱酸性あるいは強酸性という一般的な傾向はあるものの、有機物の貯留能力、無機植物栄養元素の保持・供給能力、通気性や保水性といった物理的特性などは場所によって大きく異なり、一言で語れるものではない。ここでは、日本の土壌の性質が変化に富む原因を、土壌生成因子(表1)に基づいてひもといてみたい。

土壌生成因子の複雑な絡み合い

土壌はさまざまな要因を受けて生成する。土壌の原料とも言える岩石等の性質が異なれば、生成される土壌の性質も異なる(母材因子)。また、その母材が風化を受ける際の環境要因である気候因子、地形因子、植生や土壌動物等の生物因子、時間因子も大きな影響をおよぼす。これら5つの因子を自然因子としてとらえると、人為的因子は異質であることから、生物因子から切り離して整理されることもある。これらの土壌生成因子は、基本的には、土壌表面からより深い方向へ向かって土壌生成を進める力として働くが、日本では、母材や生成した土壌粒子が他の場所から運び込まれ、累積的に堆積することにより、元々の土壌表面から上の方向へ土壌生成を進める力も大きい。これらの土壌の生成因子が複雑に絡み合い、土壌の性質が決定される(表1)。

母材因子

日本においては、それぞれの土壌生成因子の中身が非常に多様であると言えるだろう(表1)。まず母材に注目すると、火成岩(深成岩、火山岩)、変成岩、堆積岩といった多様な岩石が、狭い地域内にモザイク状に分布していることが、地質図などを見るとよくわかる。これは、地球表面上をゆっくり移動しているプレート(地殻を構成する固い岩盤)が多数入り組む地域に日本列島が位置しているため、地殻変動(隆起・沈降・断層・火山活動など)が活発であり、それに伴う新たな母材の供給や熱や圧力による変性が高頻度で起こるためである。加えて、プレート上に堆積した多様な物質が、プレートの移動に伴って日本列島側に付加・供給された履歴の影響も大きい。このように活発なプレート運動の影響を強く受ける日本列島は、世界的にも非常に特殊な土壌生成環境にあると言える。

さらに、中国大陸の内陸部から長距離移動して日本に飛来する黄砂(広域風成塵)も、重要な日本の土壌の母材となっている。黄砂の堆積速度は1000年間で3・6〜22・3㎜と、私たちの感覚では非常に緩慢に感じるものの、古い地質時代から継続的に飛来している黄砂は、場所によっては数m以上の厚さに堆積している。とくに、火山活動が活発でない地域や火山活動の休止期に、黄砂

表1　土壌の生成因子とその日本における要素＊＊

土壌の生成因子	日本における要素
母材 （累積作用）＊	プレートが複雑に入り組む立地のため非常に多くの要素が関与 ・深成岩、火山岩、変成岩、堆積岩など多様な岩石 ・プレートの移動に伴い付加体が加わる 緩慢ではあるが黄砂（広域風成塵）が地質時代を通じて長期間表層に積もり続けている 火山灰、黄砂（広域風成塵）、周辺域からの土壌粒子などが、風雨とともに累積的に表層に添加される
地形	プレート運動と豊富な降水量により変化に富む ・プレート運動により、地殻変動、断層運動、地震活動、火山活動が活発 ・豊富な降水量により、多くの河川とともに、扇状地、盆地、平野などが発達
気候	ほぼ年中湿潤であるが、気温や降水量は変化に富む ・南北に細長いため、亜寒帯、冷温帯、暖温帯、亜熱帯が分布 ・急峻な地形のため、緯度が同じでも気温や降水量は多様
生物	多様な種が活発に活動 ・一次生産者である植物相が豊富で活発 ・光合成産物を利用する分解者相（微生物相や動物相）も豊富で活発
時間	土壌生成にかかわる時間は比較的短いものが多い ・火山活動、斜面崩壊、地すべり、河川の氾濫などにより、新たな母材が被覆・露出 面積は少ないものの、生成時間の長い土壌も存在する
人為	土壌の性質に深く影響を与えている ・現在は、高い人口密度、活発な土木工事、地下資源開発、土地利用活動 ・縄文時代には、森林植生から草原植生へと人為的に改変 （草原植生下では、有機物含量が高くかつ厚い黒色土層が発達し、無機栄養元素に関して貧栄養的になりやすい）

＊累積作用は、通常は土壌の生成因子に含めないが、日本ではとくに大きな影響を及ぼしているため、ここで取り上げた。
＊＊これらの因子が複雑に絡み合い、土壌の性質が決定される。

の混入が顕著に見られる場合が多い。

地形、気候、生物、時間因子

活発なプレート運動は地殻変動の原動力となり、日本列島に山脈をつくり、断層をつくり、地震を起こし、火山活動を誘発する。すなわち、日本列島の急峻な山地や複雑な地形は、プレート境界に位置するという、日本の独特の地理的要因が深く関わっていると言える。また、豊富な降水量を反映して河川も多く、これに伴って扇状地、盆地、河岸段丘、平野、三角州などがよく発達している。このように、地形因子は非常に変化に富んでいる。

日本における気候因子は、いずれの場所においてもほぼ年中湿潤な条件にあるものの、南北に細長い地理的要因から、亜寒帯、冷温帯、暖温帯、亜熱帯まで幅広い。また、急峻な地形に富むため、緯度が同じであっても気温や降水量の変化が大きく、多様であると言える。生物因子も、豊富な降水量を反映して、一次生産者である植物相が豊富で活発であることから、それらを利用する分解者も豊富で活発であり、土壌生成に深く関与している。

日本の土壌が土壌生成作用を受ける時間は、世界的に見ると比較的短いものが多い。これは、日本では火山活動、斜面崩壊・地すべり、河川の氾濫などが頻繁に起こり、それにともない、新たな母材が地表面を覆ったり露出したりするためである。これには、もちろん、プレート境界域、火山帯、急峻な地形、多雨という日本独特の立地条件がかかわっている。逆に、これらの影響が少ない場所も狭いながら日本には存在しており、そこでは比較的古い土壌が分布している。このように、日本の土壌をつくる時間因子は、比較的短いケースが多いながらも、その中身は多様であると言えるだろう。

人為因子

現在の日本は、狭い国土に多数の人口を抱え、土木工事、地下資源開発、土地利用活動などが活発であることからも、人為が非常に激しく土壌の性質を改変していることが容易に想像できるだろう。このような現代における人為とはかなり異質であるが、日本では、縄文時代から、人為が土壌の性質に強く影響を与え続けてきたと考えられている。

日本は温暖・湿潤な気候下にあるため、自然状態ではほとんどの場所で森林が成立する。にもかかわらず、とくに縄文時代に入って以降（約１万５０００年前以降）、草原植生が広範囲で維持されたことがわかっている。このことは、土壌を深さごとにその生成年代を放射性炭素濃度などから推定するとともに、それぞれの土層が生成された時代の植生を、土層に含まれる植物ケイ酸体（植物細胞の形が記録されたケイ酸質の化石）や炭素安定同位体比から推定することによって明らかにされた。そして、この草原植生の広がりには、人為が深く関与したと考えられている。

植生が異なると、そこに生成する土壌の性質も異なる。森林植生下では、土壌表面の上部に落葉層が厚く堆積しやすいが、土壌表面より下部にある土壌表層では有機物含量の高い土層の厚さは薄く、黒みも弱い場合が多い。これに対して草原植生下では、土壌表面上の落葉層はないかあっても非常に薄く、その代わりに土壌表面より下部にある土壌表層では有機物含量の高い土層の厚さが非常に厚く、その黒みも強い場合が多い。どのような人為的作用がこうした差を生んだのかについては、まだ議論があるところだが、火入れによる木本種の排除と、火入れによって生成した炭状物質の付与が影響しているとの説がある。また、草原植生と森林植生とでは、植物―土壌系における無機植物栄養元素（カルシウムイオン、カリウムイオン、マグネシウムイオンなど）の動きも大きく異なる。森林植生に比較して草原植生では、根が浅く植物体も小さいことから、日本のように湿潤気候下では降雨が下層へと浸透しやすく、これにともって無機植物栄養元素も植物—土壌系から流出しやすい。このため、無機植物栄養元素に乏しい土壌環境をつくりやすい。

このように、人為的活動は直接あるいは植生の変化を介して、土壌生成に影響を及ぼしてきたと考えられる。そして、日本に分布するアンドソルの中には、このような人為の影響下で生成されたものが少なからず存在すると考えられている。

このように、日本における個々の土壌生成因子は変化に富んでおり、これによって多様な性質の土壌が分布していることが、その理由とともに理解できる。とくに、市区町村レベルの狭い地域内に何種類もの異なる性質の土壌が分布しており、土壌の多様性が高い状態ととらえることができる。このように多様な土壌が多様な環境を提供し、これによって日本全体として生物多様性が高い状態に保たれ、生態系サービスを支えている。

土壌図からとらえる日本の土壌の性質

日本にはどのような場所にどのような土壌が分布しているのか、手っ取り早く把握するためには、日本全国をカバーした土壌図を参照するのが便利である。土壌図上には、一つの土壌分類体系に則って分類された土壌名が地図情報として示される。世界にはさまざまな土壌分類体系が存在するが、日本の土壌図では、日本の土壌の特殊性を考慮に入れた、日本独自の土壌分類体系が用いられる。国際的な土壌分類体系は学術的な利用価値は高いものの、日本独特の土壌事情を反映することが困難であるため、実際に利用する場面を考慮すると、どうしても日本独自の土壌分類体系を用いて土壌図を描く必要に迫られるからである。

日本の土壌を分類すべく創り上げられ日本の統一的土壌分類体系と、それをもとに作成された土壌図（図1、裏表紙参照：菅野ら、2008）によると、日本の土壌の53・4%が褐色森林土、17・3%が黒ぼく土、15・0%が沖積土であり、この3つで国土の約86%を占めることになる（表2）。ただし、これらの土壌図情報にはまだいくつかの問題点があり（表2）、確定したものではないことに留意が必要である。

代表的な若い土壌「褐色森林土」

褐色森林土とは、概念的には、火山放出物や石灰岩などの特殊な母材の影響が小さい土壌のうち、地下水位が低い酸化的な環境で生成した土壌であり、かつ母材の風化程度が中程度の土壌である。「母材の風化程度が中程度」とは、母材が溶解・沈殿等の化学反応を受けること

表2　日本に分布する土壌の種類とその面積

土壌分類名*	分布面積**（10^3ha）	分布割合**（%）	対応するWRB***分類名****
造成土	–	–	アレノソル、テクノソル
泥炭土	378	1.0	ヒストソル
ポドゾル性土	1,730	4.6	ポドゾル
黒ぼく土	6,537	17.3	アンドソル
暗赤色土	98	0.3	ファエオゼム、カンビソル、ルビソル
沖積土	5,664	15.0	アレノソル、フルビソル
停滞水成土	237	0.6	グライソル、プラノソル
赤黄色土	569	1.5	アリソル、アクリソル、カンビソル
褐色森林土	29,162	53.4	カンビソル、アンブリソル
未熟土	2,062	5.5	アレノソル、レゴソル、レプトソル、アンドソル

*　日本の統一的土壌分類体系による。
**　菅野ら（2008）による。褐色森林土の一部に黒ぼく土とすべきものが含まれる点、造成土が計算されていない点が問題点。
***　World Reference Base for Soil Resources（世界土壌照合基準）。
****日本ペドロジー学会（2003）を参考に抜粋。

によってもとの母材とは異なる成分が生成しているものの、その生成した成分は、今後さらに化学反応によって風化を受ける余地が大きいものを意味する。

土壌の母材は、多くが地下深くの環境（土壌中よりも高温かつ高圧で還元的な環境）では安定だった岩石である。これらの岩石は、土壌中の環境（より低温、低圧、酸化的な環境）に置かれると安定ではなくなり、より安定な状態に変化しようとする。褐色森林土は、この安定化プロセスがある程度進行しているものの、まだ完全には安定化しきっていない状態の土壌である。つまり、比較的若い状態の土壌である。土壌が若い状態にあり、化学反応を起こす余地があれば、例えば有機物と反応して土壌中に炭素を貯留したり、溶解反応によって植物に無機植物栄養元素を供給したり、無機植物栄養元素をイオン交換反応によって土壌中に保持したり、水を土壌中に貯えたり、といった機能が発揮される。

褐色森林土は、主に山地や丘陵地に分布しており、森林植生下の湿潤な環境、つまり日本の代表的な環境で生成する土壌であるととらえることができる。このため、日本の国土を覆う主要な土壌となっている。なお、前章で述べた国際的な土壌分類のＷＲＢでは、カンビソルあるいはアンブリソルに対応する（表２）。

より風化が進んだ土壌「赤黄色土」

褐色森林土が分布するのは、主として亜寒帯、冷温帯、暖温帯地域であり、沖縄などの亜熱帯地域では、褐色森林土と同様の森林植生下の湿潤な環境下では、主に赤黄色土が分布する（裏表紙参照）。赤黄色土は、より高温の環境下で土壌生成が進行するため、褐色森林土よりも母材の化学風化が進んでおり、今後さらに化学反応によって風化を受ける余地が少ないものが主成分である。このため、土壌中に有機物を貯留する機能も赤黄色土の方が低い場合が多い。

日本では、亜熱帯地域の面積は小さいため、これに対応して赤黄色土の面積も小さい。ただし、面積の割合は低いものの、本州や北海道にも赤黄色土は分布する。これらは、一見不思議に思えるかもしれないが、かつて暖かかった時代に生成された赤黄色土であり、地殻変動や人為的活動等の影響を受けて、現在の地表面に現われてきたものであると考えられている。このような土壌は、現在の土壌生成環境を反映していないことから、古土壌とも呼ばれる。

ちなみに、「褐色」、「黄色」、「赤色」などの土色は、主に土壌に含まれる数種の鉄鉱物に由来している。「褐色」は土壌生成の初期に出現しやすい鉄鉱物であるフェリハイドライトおよび低温かつ湿潤環境において安定であるゲータイトに、「黄色」はゲータイトに、「赤色」はより高温かつ適度な乾燥環境において安定であるヘマタイトに主として由来している。WRBではアリソル、アクリソル、カンビソルに対応する。

際立つ特殊性「黒ぼく土」

黒ぼく土は、母材が火山放出物や溶岩に由来する土壌のうち、化学風化がある程度進んだ土壌であり、WRBではアンドソルに対応する。化学風化が進んでおらず、土壌が、母材である火山放出物や溶岩の性質をほとんどそのまま保持している場合には、未熟土（WRBではアンドソルあるいはレゴソル）に分類される。

黒ぼく土の分布は、ここ数万年の間に火山灰の降灰の影響を強く受けた範囲内にある。火山灰は偏西風に乗って火山の東側に分布する傾向が強く、このため黒ぼく土は主要な火山の東側に分布する（裏表紙参照）。ただし、火山灰の降灰の影響を強く受けた地域でも、その後、河川や湖沼等の影響を受けた地域では、沖積土や泥炭土等、他の土壌が分布している。

黒ぼく土は、土壌の生成に要した時間は数万年程度あるいはそれより短く、褐色森林土や赤黄色土よりも若い土壌であると言える。このため、黒ぼく土中には、風化の初期段階にあたる非常に若い成分が含まれており、多くは有機物を土壌中に大量に貯留している。これらの有機物は、土壌中で無機鉱物を立体的につなぎ合わせることにより、スポンジにも似た構造(団粒構造)を発達させ、高い通気性とともに保水性も高い状態をつくり出す。通気性も保水性も高い状態は、植物を育てる物理環境としては理想的である。加えて、有機物含量の高い黒ぼく土は、軽くて粘着性も低いことから、耕耘もしやすく、農耕地としての利用に適している。

ただし、化学特性は植物の生育にとって不都合な点がある。最も大きな問題点は、リン酸欠乏が起こりやすいことである。リン酸は植物の必須多量元素であり、植物はリン酸を土壌から吸収できなければリン酸欠乏症を発症し、正常に生育できない。黒ぼく土中のリン酸含量は他の土壌と遜色ないが、含まれているリン酸の存在形態(化学結合状態)が植物にとって利用しにくいものであることが、黒ぼく土で植物のリン酸欠乏が起こりやすい原因である。もう一つの大きな問題点は、一部の黒ぼく土(非アロフェン黒ぼく土など)では土壌の酸性が強いため、強い植物生育阻害活性を持つアルミニウムイオンが土壌から溶出し、これによって農作物の生産性が低く抑えられる点である。これら二つの問題点は、リン酸肥料および石灰資材等を適切に土壌に施用することによって、それぞれ解消することができる。現在では、物理特性も化学特性も、農作物生産にとって好適な状態として管理することが可能となっており、日本では農業生産性の高い土壌となっている。

黒ぼく土は、丘陵地、台地、段丘などの平坦な地形面に分布することが多く、農耕地として利用されることが多い。わが国では、畑地の約50%、水田の約10%が黒ぼく土に分類される。なお、日本では陸地面積の約17%を黒ぼく土が占めるのに対して、世界の陸地面積に占める黒ぼく土の割合は1%にも満たない。この点が、日本の土壌の際立った特殊性ともなっている。

水田の主力土壌「沖積土」

沖積土は、新鮮な河成、海成、湖沼成堆積物(おおむねここ1万年間で堆積したものを想定)を母材とし、水の力による影響を強く受けて生成した土壌であり、WRBでは主にフルビソルに対応する。多くは、現在でも表面水(灌漑水を含む)や地下水の影響を受けており、その結果、部分的に還元的な環境に置かれている。水田として長年管理されてきた土壌も、この沖積土に分類されるものが多い。

土壌の母材はその場で風化を受けたものばかりではないものの、現在の場所に堆積し土壌生成作用を受け始めてからは、まだ1万年程度かそれよりも短い期間しか経

＊「土壌情報閲覧システム」http://agrimesh.dc.affrc.go.jp/soil_db/
＊＊「e-土壌図（e-SoilMap）」http://agrimesh.dc.affrc.go.jp/e-dojo/

過していないものが大部分である。そのため土壌断面形態の発達は弱く、比較的若い土壌であるととらえることができる。沖積土を構成する成分も、多くは今後さらに化学反応によって風化を受ける余地が大きいものである。このため、沖積土は概して無機植物栄養元素の保持・供給能力が高い。また、水田として利用する場合には、灌漑水に含まれる無機植物栄養元素もある程度期待することができ、加えて水田としての効果的な管理法も確立されていることから、農業生産性の高い土壌となっている。沖積土は、平野部の河川流域、三角州、干拓地に分布することが多い。

ほとんど風化が進んでいない「未熟土」

未熟土は、土壌生成の極めて初期段階にある土壌であり、土壌断面中の層位の分化・発達はないかあっても非常に弱い。岩石地帯や砂丘地帯などに見られ、WRBではレゴソルやレプトソルに対応する。土壌母材の風化程度は極めて低く、多くがかつて地下深くの環境において安定であった化学形態をとどめている。これらの多くは、今後さらに化学反応によって風化を受ける余地は大きいものの、無機植物栄養元素を保持する機能を持った粘土や、有機物を安定化・蓄積させる機能を持った遊離のアルミニウムイオンや鉄イオンはほとんど存在していない。

農地として利用するうえでも、また有機物を土壌中に貯留させるうえでも、母材の風化程度には最適な段階があり、風化が進んでいなくても進みすぎていても、その機能性は低い。未熟土は、風化が進んでいないため、これらの機能が発揮されない土壌であるともとらえることができる。

なお、詳細な土壌情報は、パソコンのインターネットを利用できるなら農業環境技術研究所が提供する「土壌情報閲覧システム（＊）」を、スマートフォンなどの端末を利用できるなら同研究所が提供する「e-土壌図(e-SoilMap)（＊＊）」を参照されたい。これらを利用すれば、緯度経度情報からの検索も可能であり、農業関係の方々のみならず、多くの方々に興味を持っていただけるだろう。

日本人と土壌のかかわり：これまでとこれから

前述したように、日本人は縄文時代から土壌特性に対して大きな影響を与えてきた。当時は、本来は森林植生だった場所を草原植生として維持することにより、結果的に、土壌が養分の乏しい状態に変化したと考えられる。このような人為的管理は数千年間継続され、その間にこのような環境に適応した独特の生物多様性が発達したと考えられる。

　これに対して、とくに第二次世界大戦後、化学肥料や土壌改良資材等を土壌に対して多量に施用し続けることによって、土壌を富栄養的な環境に変化させる管理が、多くの農地で行われるようになった。その結果、農業生産性は向上したが、過去数千年間にわたって維持されてきた養分の乏しい土壌環境、およびそれに対応した生物多様性は喪失の危機に直面している。このことによって、私たちおよび私たちの未来にどんな影響が及ぶのか、まだ適切に予想できる状況にはない。しかし、突き進むも立ち戻るも、その選択の鍵は私たちの手の中にあると言えるだろう。国際土壌年を迎えるこの機会に、土壌がたどってきた歴史やそれに伴って育まれてきた生命のつながりを考え、これからの土壌との付き合い方について考えてみるのも悪くないだろう。

日本人全体が田んぼを過小評価していないか？　田んぼは米の生産だけでなく、土壌と生きものを育て、貯水機能や土壌侵食防止、水質浄化など、まさに「豊葦原の瑞穂の国」と呼ぶにふさわしい働きをしてくれている。変幻自在な水田の土の横顔を浮き彫りにしながら、田んぼと人のかかわりを描く。「田んぼは私たちを守っている」という言葉がストンと胸に落ちる。（編集子）

田んぼと水田土壌が支えてきた「もの」と「こと」

西田瑞彦（農研機構　東北農業研究センター）

日本への稲作の伝来は諸説あるが、2500年ほど前の縄文時代の遺跡には、すでに水田の遺耕が残されている。弥生時代には東北地方にまで稲作が広がり、静岡県の登呂遺跡に見られるように、矢板や杭で補強した畦（あぜ）、用水路や堰が整備された、高度な技術を持った水田稲作が営まれていた。このように、日本人と水稲とのかかわりには数千年もの歴史があり、日本は「豊葦原の瑞穂の国」と言われてきた。そして、水稲の栽培が始まって以来、いかなる時代にも、田んぼと米は日本の社会の中心であり続けた。

なぜ私たちの祖先が、わざわざ水路や畦が必要な田んぼや米にこだわり続けてきたのか。それは田んぼが食料として栄養価の高い米を作る場であるばかりでなく、非常に多くの「もの」や「こと」を支えてきたからである。そして数千年もの間、田んぼが田んぼであり続けられたのは、田んぼという地面を水で覆うシステムと、そこで作られる独特の田んぼの土（水田土壌）が、田んぼを支え続けることのできる驚くべき力を持っていたからである。これまで科学によって、田んぼや水田土壌がいかに高い機能を持ち、多くの「もの」や「こと」を支え続けてきたか明らかにされてきた。まだその全容は明らかにされていないかもしれないが、2015年の国際土壌年にあたり、ここでその一端に触れることで、田んぼと水田土壌を見直す機会を提供したい。

田んぼの土……個性あふれる横顔

水をはるということ

田んぼと畑とで大きく違うのは、田んぼでは数ヶ月間にわたって地面を水で覆う（水をはる、湛水する）ことである。これが水田土壌と畑土壌との間に決定的な違い

写真１　冷害による不作のため、収穫をあきらめて稲を刈り払う田んぼ（左）と、水管理などにより冷害を克服し稲穂をたれる篤農家の田んぼ（右）（2003年に青森県で撮影）

をもたらす。この湛水下で生まれる水田土壌の数々の特徴は、世界に先駆けて進められた日本の研究で明らかにされたことが多い。

　田んぼに水をはると、土は大気と遮断される。水から若干の酸素の供給はあるものの、それは湛水しない条件と比べると、比較にならないほどわずかである。1gの土に10億以上の微生物がいるとされているように、土の中には膨大な数の生物がすんでいる。生物の多くは、我々と同じように酸素を吸い、二酸化炭素を吐き出す呼吸をして生きている。土の中の生物が酸素を吸い尽くすと、水をはっている土の中はほとんど酸素がない状態になる。このように、土は酸素の豊富な酸化的状態から、酸素のない還元的状態へと変化する。この還元的条件で生じる物質の変化やそこに適応した生物の活動が、水田土壌を特徴あるものにしている。

　水をはって土の中が酸素不足になっても水稲は生育し、米を稔らせることができる。畑作物では湿害を受けて生育不良になるか枯れてしまうが、水稲は根に必要な酸素を地上部から送る通気組織を持っているため、あまり問題にならない。また、水がはられた中で栽培される水稲には、基本的に旱(かん)ばつ害が生じない。これらは、湿害と旱ばつ害のどちらからも逃れられない畑作物とは、大きく異なる特徴と言える。

　水をはることには、他にも重要な役割がある。水稲を一回栽培するのに必要な灌漑水の量は、1万5000t／ha程度とされている。この水は上流から流れてくる途中で、カリウム、カルシウム、マグネシウム、ナトリウム、ケイ酸などさまざまな養分を溶かし込んでくる。これらは水稲の養分となるので、灌漑水は水稲にとって養分の供給源となっている。肥料を全く与えなくても、ある程度米が収穫できる一因は、この感慨水の養分供給能にある。例えば、農研機構東北農業研究センターで1968年から続けられている三要素試験（植物の三大要素である窒素、リン酸、カリウムのどれかを省略し続ける長期的な試験）のカリウム欠除区では、40年以上全くカリウムを施肥しなくても、窒素、リン酸、カリウムの三要素全て施肥した完全区に比べて10％程度しか減収していない。これには、感慨水から供給されるカリウム、そしてカリウム欠乏条件で吸収されるナトリウムが貢献していると考えられる。

水の比熱は大きく、温まりにくく冷めにくい特徴がある。冷害時には水を深くはって水稲を温め、猛暑時には水をかけ流して涼しい条件を作ることができる。これによって、冷害や高温障害を軽減、回避できる。冷害年に、青森県の篤農家が水管理によって冷害を回避し、周辺の田んぼでは不作で収穫をあきらめて稲が刈り払われている中、見事に米を稔らせている様子に驚いたことがある（写真1）。

変幻自在な田んぼの土

①個性的な顔……酸化層→還元層→すき床層→酸化的下層の断面

水田土壌を上からではなく、横から、すなわち断面を見てみると、他の土壌にはない個性的な特徴を見ることができる（図1）。湛水後、土の中の微生物は餌である有機物を活発に食べて（分解して）酸素を消費し、土の中は表面まで還元条件となる。土には鉄分が含まれるが、それは水に溶けにくい赤～黄褐色の酸化鉄（Fe^{3+}）である。土の中が還元条件になると、この酸化鉄の一部が還元され、還元鉄（Fe^{2+}）となり水に溶け出してくる。すると土の色は、赤～黄褐色が薄くなり、灰～青灰色となる。

一方、分解されやすい有機物が微生物に食べつくされ減ってくると、酸素の消費量も減ってくる。すると田面水中にわずかに溶け込んでいる酸素によって、田面水付近の土では還元鉄が再び酸化され、水の中にもかかわらず赤～黄褐色の酸化層となる。耕耘作業によって耕され、代かきされている層を作土層（10～20㎝程度）というが、酸化層を除いて作土層は還元条件であり、灰～青灰色である。作土が還元条件にあるなかで、表面に酸化条件が存在していることは、後に述べるように、水田土壌での窒素の動きに影響を及ぼすことになる。なお、還元が進むにつれ、鉄の他にも形が変わるものがある。その概略を図1に示しているので、興味があればご覧いただきたい。

作土のすぐ下には、すき床層という堅く締まった土層がある。これは、機械作業による圧密でできる。このすき床層は、漏水を防ぎ、田んぼの水を維持する役割がある。すき床層によって水が止められているので、その下には再び酸化的な層が広がる。そこは下層と呼ばれ、作土で還元され溶けて流れてきた鉄やマンガンが酸化され、酸化鉄や酸化マンガンとして集積する。通常、鉄よりもマンガンの方が溶けやすいため、より下層に集積す

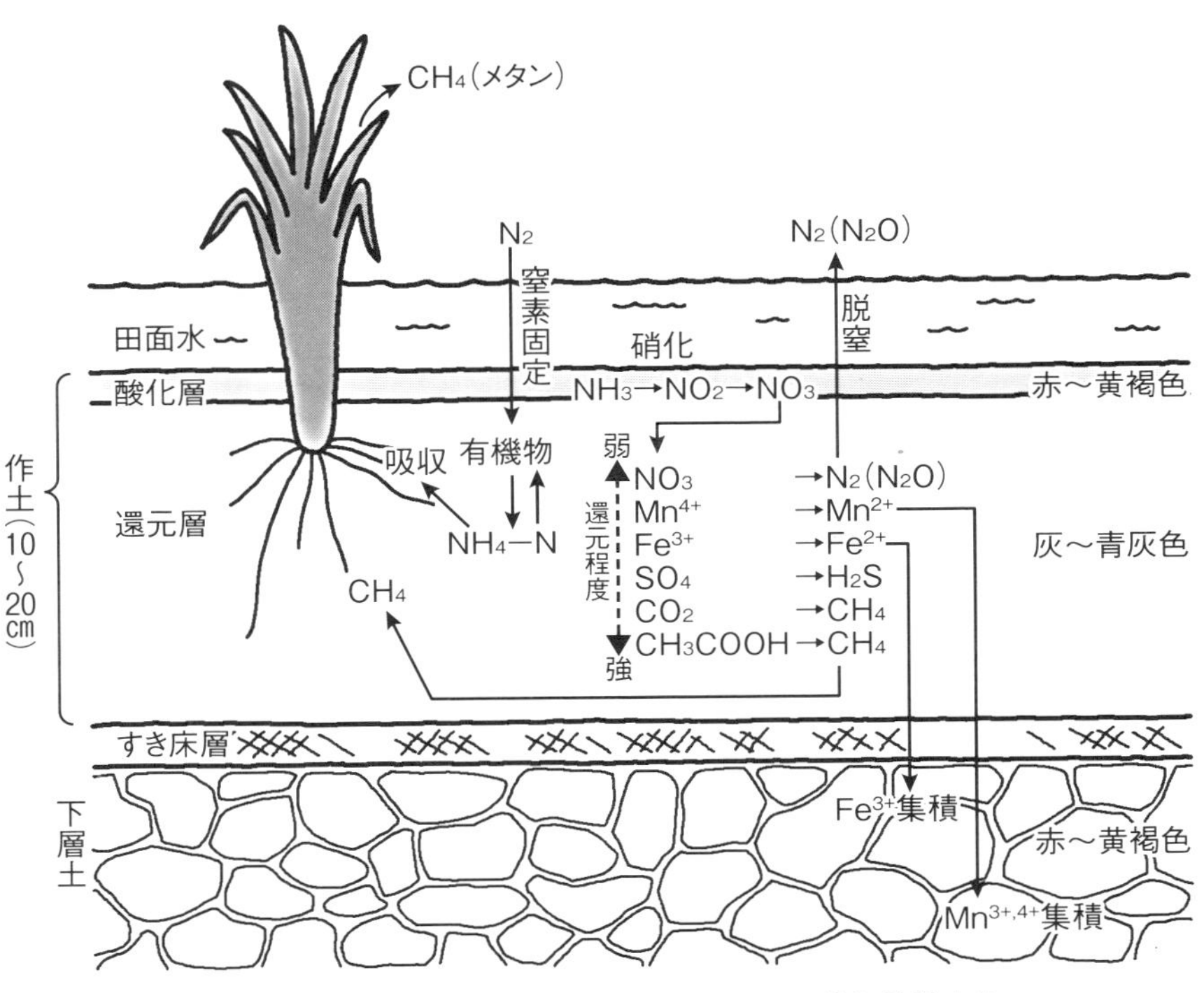

図1　湛水中の水田土壌の断面と酸化還元に伴う物質変化

る。

　このように表面から酸化層↓還元層↓すき床層↓酸化的下層という断面形態は、湛水条件で形成される水田土壌特有のものであり、水田土壌が見せる個性的な顔と言える。

②pHが中性に近づく

　湛水前土壌のpHにかかわらず、湛水条件での土壌のpHは6・5～7付近になる。日本の水田土壌の場合、乾かした状態でのpHは5・5付近が多いが、湛水条件下では中性近くになる。

③リン酸が水稲に利用されやすくなる

　湛水による土の養分供給能の変化で最も特筆すべきは、リン酸の有効化であろう。通常、土の中のリン酸は、多量に存在する鉄やアルミニウムと結合してリン酸鉄やリン酸アルミニウムとなっている。これらは、非常に溶けにくい、つまり作物には吸収されにくい。しかし湛水して土の中の還元が進むと、酸化鉄（Fe^{3+}）が還元鉄（Fe^{2+}）となる。すると、リン酸鉄の鉄とリン酸（$P_2O_5^{2-}$）を結びつけている手が一つ減るので、鉄から離れて自由になるリン酸が出てきて、水稲に利用されやすくなる。

　また、pHが中性に近づくことで、リン酸は溶けやすくなる。例えばpHが5から7へ上昇すると、リン酸の溶解度は100倍程度にもなり、溶けにくかったリン酸アルミニウムのリン酸も溶けやすくなる。このように、湛水することで、それまで利用されにくかった土の中のリン酸が利用されやすくなる。

④有機物が分解されにくく蓄積しやすい

稲わらや刈株、根など有機物の分解に寄与する生物の多くは、酸素を必要とする。しかし、湛水された還元条件下では酸素が足りないため、これらの生物の活動は抑制され、有機物の分解が進みにくくなる。有機物は分解されずに徐々に蓄積していくため、水田土壌の有機物量は畑土壌よりも多い。この有機物には、窒素やリン酸をはじめとする養分が含まれている。つまり、水田土壌には、水稲にとっての栄養源をためやすいという性質がある。

⑤窒素の動きがダイナミック

有機物が分解されると、そこに含まれていた窒素は、アンモニアの形（アンモニア態）で放出される（無機化）。また、その反対に、アンモニア態窒素の一部は、微生物に食べられて有機物になる（有機化）。このアンモニア態窒素は水稲の栄養源として非常に重要で、その多少で収量が決まると言っても過言ではない。このアンモニア態窒素の生成量は、湛水前の土がよく乾いているほど大きくなり、これを「乾土効果」と呼ぶ。土の粒子の表面はマイナスに荷電しているので、プラスに荷電しているアンモニア態窒素は土に保持されて、すぐには流れていかない。ただし、最表層の酸化層では硝酸化成菌という微生物により酸化され、硝酸態窒素に変化する。硝酸態窒素はアンモニア態窒素とは反対にマイナスに荷電しているので、土に保持されずに流れてしまう。還元層に流れた硝酸態窒素は還元され、窒素ガスになって空気中へ逃げていってしまう。この窒素がガスとして失われる現象は「脱窒」と呼ばれ、その発見は窒素の施肥法に変革をもたらした。肥料（アンモニア態窒素）を表面に施肥してしまうと脱窒により失われてしまうので、肥料を作土と混合する全層施肥や還元層に施用する深層施肥が考案された。この脱窒現象の発見とその対策は、世界に誇るべき我が国の水田土壌研究の成果である。なお、穂肥などの追肥の場合、根が酸化層を含む作土全体に広がっているので、表面に施肥してもすぐに水稲に吸収されるため問題とはならない。

脱窒とは対照的に、田んぼには空気中の窒素ガスを固定して、体に取り込む生物がいる。土の表面などにいる藍藻類や光合成細菌、水稲の根の近くにすむ従属栄養細菌である。これらの生物に取り込まれた窒素は、結局は土に入ることになり、土を肥やす。その量は東北地域の一般的管理の水田で、10ａ当たり2㎏ほどにもなる。さらに灌漑水や雨からも2㎏／10ａ程度窒素が供給され、合計4kg／10ａ程度の窒素が田んぼに自然に供給されることになる。農研機構東北農業研究センターで1968年から続けられている三要素試験の窒素欠除区では、40年以上全く窒素を施肥していなくても、その天然供給量に見合う4kg／10ａ程度の窒素が吸収されて、280kg／10ａ程度の収量が得られている。これは、田んぼに恵まれる窒素が豊富なことを証明している。

⑥良いことばかりでもない湛水……還元障害というやっかいなこと

湛水すること、そして湛水が生み出す水田土壌には、多くのメリットがあることを述べてきた。しかし、還元が進むと、土の中の硫酸根（SO_4^{2-}）の還元により硫化水素（H_2S）が発生し、これが根腐れを招き水稲に害をおよぼすデメリットもある。また、稲わらや麦わらなど堆肥化されていない有機物をすきこむと、やはり還元が急激に進み、硫化水素や有機酸などのわらの分解途中の物質が水稲に害をおよぼすことがある。その分解途中の有害物質として、麦わらすきこみでは、水稲の生育を阻害する芳香族カルボン酸という物質が知られている。ただし、麦わらのすきこみを何年か続けることにより、被害が軽減することも知られている。

⑦秋落ち……老朽化水田

還元が進み硫化水素（H_2S）が発生しても土の中に鉄（Fe^{2+}）が十分あれば、不溶性の硫化鉄（FeS）となり、無毒化されるので問題とならない。つまり、硫化水素の害は、鉄の少ない土が強い還元状態になることで引き起こされる。「秋落ち」とは、初期の水稲生育は正常なのに、途中から硫化水素の害により根腐れが生じ、ゴマ葉枯病が発生するなど、後期に生育不良となる現象である。この秋落ちが発生する田んぼは老朽化水田と呼ばれ、鉄が少ない上に砂質で透水性が良く、鉄が流れやすいため硫化水素の被害が生じやすい。老朽化水田では、鉄だけでなくカリウム、マグネシウム、ケイ酸など多くの養分が欠乏している。老朽化水田には、客土や土壌改良資材などの対策がとられ、秋落ち問題はほぼ解決されている。これも我が国の水田土壌研究の大きな成果である。

田んぼと畑を比べてみると

田んぼと畑を比べてみると、田んぼがいかにすぐれたシステムであるか良くわかる。なぜ私たちの祖先が田んぼにこだわり続けたか、反対に、なぜ田んぼが私たちの祖先を数千年も支え続けられたのか理解することができよう。

畑では何年も同じ作物を作ることができない。これは連作障害やいや地といって、畑で同じ作物を作り続けると、次第に生育が悪くなり、まともに収穫できなくなってしまうためである。この原因は主に土の中の生物によるものであるが、田んぼのように好気的条件と嫌気的条件がダイナミックに交替する条件では、連作障害の原因となる生物が生き続けられない。だからこそ数千年もの間、毎年田んぼで水稲を作り続けることができたのである。

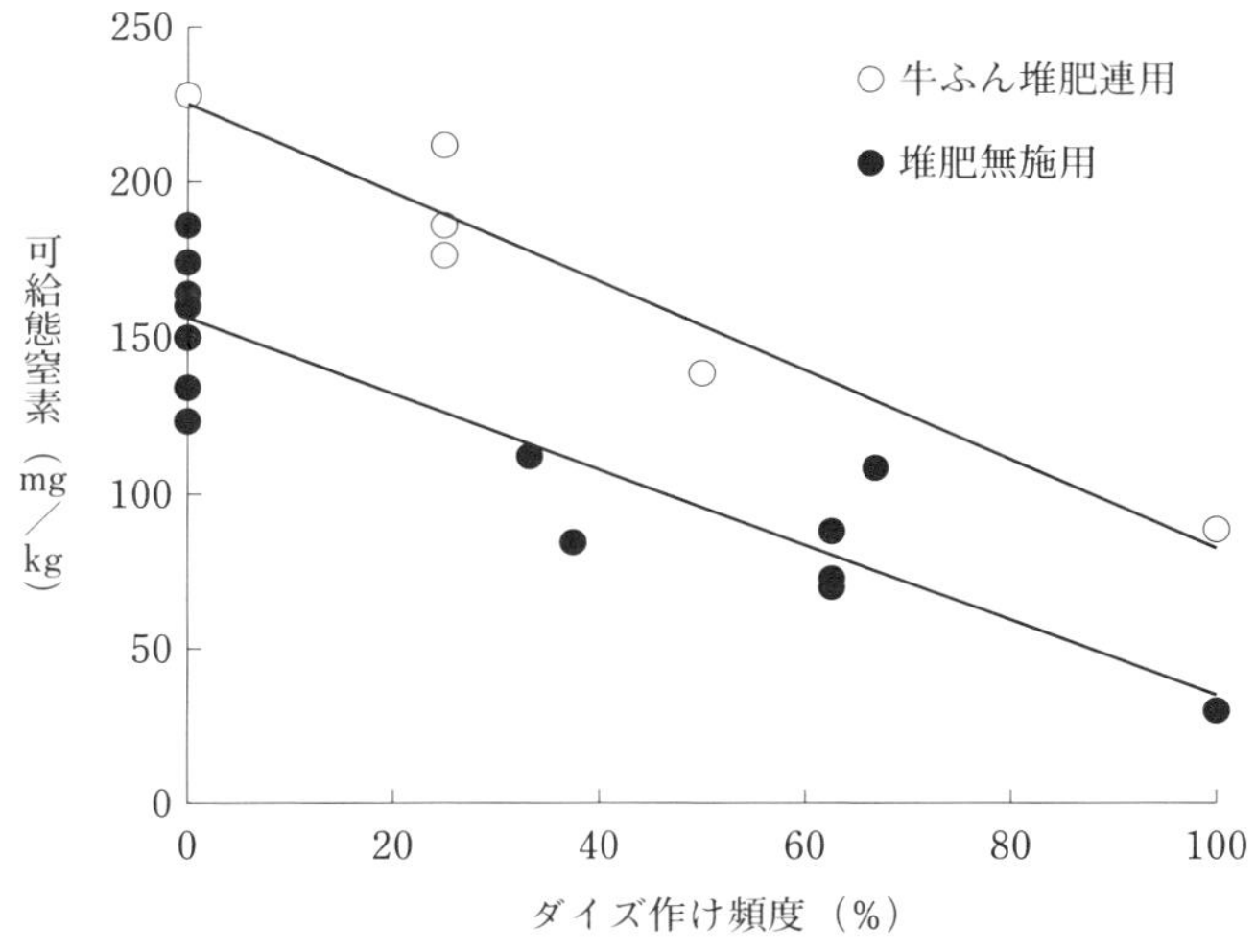

図２　田畑輪換におけるダイズの作付頻度と地力（可給態窒素）の関係

（ダイズの作付頻度とは……田んぼを畑にして田畑輪換をはじめてから、ダイズを作付した頻度。例えば、ダイズ作付頻度が50%の場合、ダイズと水稲を１：１の割合で作付してきたことになる）

　田んぼは畦に囲まれているため、表土が流されることはない、逆に上流から運ばれてきた表土がたまっていく仕組みになっている。台地や丘陵、山腹にある畑では、強い雨が降ると表土が流される。斜面になっている畑では、ところどころ黒い表層が流され、色の薄い下層の土が現われているのを見かけることがある。この表土が流される現象を土壌侵食と呼ぶ。土の養分はほとんどが表土にためられており、その下の層には養分が乏しい。畑では常にその養分に富む表土侵食の危険にさらされているのに対し、低地にある田んぼではむしろその土がたまり、侵食の危険はない。たとえ山間にある棚田であっても、畦に囲まれ、その中の土は平らになっている。急峻な地形が多い我が国で、祖先の多大な努力で築かれた棚田のおかげで、どれだけの土壌侵食をまぬがれ、どれだけの肥えた土という財産が守られてきたか、はかりしれない。

　湛水され還元条件下にある水田土壌のpHは中性に近づき、リン酸が作物に利用されやすくなる。また、灌漑水からの養分供給がある上、窒素固定によって空気中の窒素が取り込まれるなど、水稲の栄養分が自然に供給される。さらに、有機物が分解しにくく蓄積しやすいため、畑よりも地力が高い。

図2には、田んぼを畑としても利用し、水稲とダイズの田畑輪換を行なった土の地力を示している。図の左端は水稲だけを栽培した普通の田んぼである。逆に右端は30年以上ダイズだけを栽培し、田んぼがすっかり畑になってしまった所である。図の中の右下がりの線は、田んぼから畑に移りかわるにつれて、地力が低下していくことを示している。上の線は、牛ふん堆肥を連用した場合であり、全体的に地力は高くなっている。それでも田んぼから畑になるにつれて、地力は低下している。

以上のように、田んぼは畑に比べて有利な点が多い。田んぼは、水が豊富にあれば大変すぐれた土地利用方式であり、永続的に安定生産を保証するすぐれた農地と言える。

田んぼのいろいろな役割

田んぼや米と私たちのかかわり

田んぼはそこで水稲を育て、米という食料を生産する場である。しかし、その他にも多くの役割を担ってきた。

田んぼと日本人の暮らしには長く深いかかわりがある。稲作の伝来によって定住することが可能となり、田んぼや米を中心とする社会が形成された。稲作は産業の中心であり、その収穫量は人口や経済に大きく影響してきた。興味深いことに、歴史上の日本の人口の増減と米の生産量には密接な関係があり、年間1人当たりの米の消費量を一石とすると、概ね合致するとの説がある。米は経済活動の中心で、貨幣としての役割も果たし、明治初期まで税は米として徴収された。地域や国が豊かになることは、米をなるべくたくさん収穫して税収を上げることであった。長い歴史の中で、国は田んぼを管理し、税収を上げることに腐心し続けてきた。

米の豊作を願う祭りや、米の作況を占う祭りや行事も多い。収穫に感謝する祭りが全国に数多くある。また、雪国の秋田県には、雪中田植えというユニークな小正月行事がある。その方法は地域により異なるが、ある地域では男性がすげ笠と蓑をまとい、雪原に稲わらや豆がらを植え付け、参加者でお神酒を酌み交わす（写真2）。1週間後に雪田の様子を見て、植えた稲わらや豆がらが倒れるか垂直に立ったままなら不作、ほど良く傾いていると豊作とされている。また、「米の値段が上がる」か「豊作になる」かをかけて争う大綱引きもある。これは、どちらが勝っても米づくりを中心とした地域の発展を願う祭りと言えよう。

挙げればきりがないほど、米の食文化は花開いている。そのまま炊いた白飯の他に、赤飯、麦飯、豆飯、菜飯、染飯、鯛飯などの魚飯、炊き込み飯（五目飯）、鶏飯、カツ丼や天丼などの丼飯、お茶漬け、雑炊、粥、にぎり飯、寿司、なれ鮨、イカ飯などの印ろう飯、きりたんぽ、五平餅、ポン菓子、団子、煎餅、おはぎ、餅、米麺、米粉パンなど少し思い浮かべるだけでも多様な食べ方がある。また、米からは日本酒、焼酎などの酒も作られる。さらに、米はこれらに関連する産業も支えていることになる。

写真２　正月田植え（撮影　千葉寛、秋田県仙北郡）

田んぼは漁場、狩場、畑でもある

現在のようにコンクリートで固められた用排水路が整備されず、農薬が使用されていなかった頃は、田んぼや用水路、ため池にすんでいたドジョウ、フナ、コイ、ウナギ、ナマズ、タニシなどが捕られていた（写真３）。さらには、魚を田んぼの中で飼うこともあった。「佐久鯉」で知られる長野県の佐久地方は、この水田養魚が江戸時代から発達していた。現在でも、ため池の水を抜いて掃除や修理をする際に、魚捕りをしている地域があるようだ。田んぼでの魚捕りは、農民にとって娯楽であったとともに、捕られた魚は、農民の貴重なタンパク質やカルシウム源であった。

写真３　用水で魚をすくう（撮影　小倉隆人、徳島県那賀郡）

田んぼや用水路、ため池は人工的な湿地である。そこは水鳥にとって羽を休め、餌を食べる場にもなる。田んぼに飛来するカモやガンが捕られ、農民の食料としてはもちろん、現金収入源にもなっていた。水鳥を捕る方法としては鳥もち、釣り針、網を使う方法などバラエティーに富んでいたようである。

田んぼに暮らす生物の多様性は高く、さまざまな虫がいる。その中でイナゴは、秋

写真４　石垣で築いた棚田（撮影　千葉寛、高知県高岡郡）

になると大発生し水稲の葉を食べる害虫であるが、食料にもなる。地域によっては、スーパーマーケットで通常の食料品としてイナゴの佃煮が販売されている。

田んぼは畑の役割も果たしてきた。畦ではアゼマメと呼ばれるダイズやアズキが栽培されてきた。他にも畦ではヒエ、アワ、カボチャ、ウリなどが栽培されてきた。また、用水路や田んぼにはえるセリ、畦にはえるヨモギやフキノトウ、ため池にはえるヒシやジュンサイも食料にされてきた。このように、田んぼは米ばかりではなく、食料としての魚、鳥、虫や野菜を生産できる場でもある。

田んぼは私たちを守っている

日本は傾斜地が多く、大雨を伴う台風の襲来も多いため、常に洪水や地すべりの危険にさらされている。田んぼは畦で囲まれているので、雨水を貯えておくことができる。そのため、大雨が降っても川の氾濫を抑え、洪水を防ぐダムとしてのはたらきがある。管理された傾斜地の棚田は、地すべりによる斜面の崩壊を防いでいる（写真４）。なお、棚田の耕作が放棄され管理されなくなると、地すべりが起こりやすくなる。著者は、世界的に有名な外国の棚田で、耕作放棄により斜面が崩壊し、美しい棚田の景色が損なわれはじめている様子を見たことがある。

田んぼに入る灌漑水や雨水は土にしみこみ、時間をかけて地表の川に入っていく。これは、川の流れを安定させることに貢献している。また、地下にしみこんだ水は、流域の地下水となり、私たちが利用できる良質な水となる。このように、田んぼは水資源の安定供給にも一役かっている。

水稲は光合成や蒸発散によって二酸化炭素、光や熱を吸収し、田んぼからは水が蒸発する。これにより、気温の上昇は抑えられ、穏やかな気候が保たれる。農業からは家畜の排泄物や使われなかった作物の残渣、生活からは生ごみが出るなど、私たちは廃棄物から逃れることはできない。しかし、これらを堆肥にして田んぼに入れると、土の中の微生物が分解し、水稲の養分にかえてくれる。田んぼでは、家畜排泄物や生ごみなどの有機物を循環利用することができる。また、水の中に溶けている窒素やリン酸を土に吸着し、窒素を脱窒によって大気へ戻すなど、水質を浄化する役割もある。このように、田んぼには環境を守るはたらきもある。

田んぼには多様な生物が暮らしており、植物、昆虫、動物などの生態系ができている。人の手が加わっていながらも豊かな自然が維持され、多様な野生動植物の保護にも役立っている。また、私たちは田んぼのある美しい田園風景を見るとやすらぎを感じ、癒される。さらに棚田のオーナー制度など、田んぼは農村と都市住民の交流の場や、田んぼの学校など教育の場としても役に立っている。

現在、我が国の農業に国際競争力が求められ、安いコストで米を生産するために、急速に大規模化が進んでいる。面積拡大の困難な中山間地では、地域の特性を活かしながら、そこで作られる米に付加価値をつける方法も検討されている。また、農薬や化学肥料を使わない有機農法や自然農法も根強く続けられている。さらに、今や田んぼは米だけを作る場ではなく、田畑輪換や畑転換により畑作物を作る場でもある。これからの田んぼの利用方法は、時代のニーズ、地域や農家の戦略に応じてさらに多様化すると思われる。しかし、いかなる時代になろうとも、田んぼという大きな支えなしに、私たちの安定した生活は成り立たないであろう。はかりしれない田んぼの価値を忘れずに、大切にする心を持ち続けたい。

米余りが叫ばれ、減反、そして田畑輪換が始まってからもう半世紀近い。2000年にわたって維持されてきた田んぼにおいても、地力低下、収量低下がすでに始まっていた。著者の「食料生産と土壌保全という相矛盾する活動の両立という古典的な問題から、水田も逃げられなくなった」という言葉にドキッ。田んぼなら大丈夫とたかをくくっていなかったか？（編集子）

田んぼの土に現われ始めた異変

高橋智紀（農研機構　東北農業研究センター）

水田輪作という土地利用システム

水田と聞くと、水を湛えた水田に青々としたイネが育っている姿を思い浮かべる人が多いかもしれない。しかし、減反政策が開始されて以降、イネが作付けされている田んぼの割合は減少する一方である。減反政策が本格的に開始された1970年当時では転作面積は10％弱であったが、現在では転作の割合は30％に及ぶ。水田の土地利用の様子を面積割合で表わすと、2011年の夏では70％に水稲が作付けされ、13％にはダイズが、5％には野菜や飼料作物等が作付されている。残りの11％は裸地で、冬に麦が作付けされるか、ひょっとすると耕作が放棄されているのかもしれない。仮に3年に一度の頻度で水田にダイズが作付けられているとすると、55％の水田では少なくとも数年に一度は夏に水が張られず、裸地かダイズまたは野菜が作られているという計算になる。このように畑利用と水田利用を繰り返す営農システムは「水田輪作」と呼ばれ、日本では水田「輪」作が、水田「連」作に劣らない典型的な生産システムになっている。

水田輪作では、

（撮影　倉持正実）

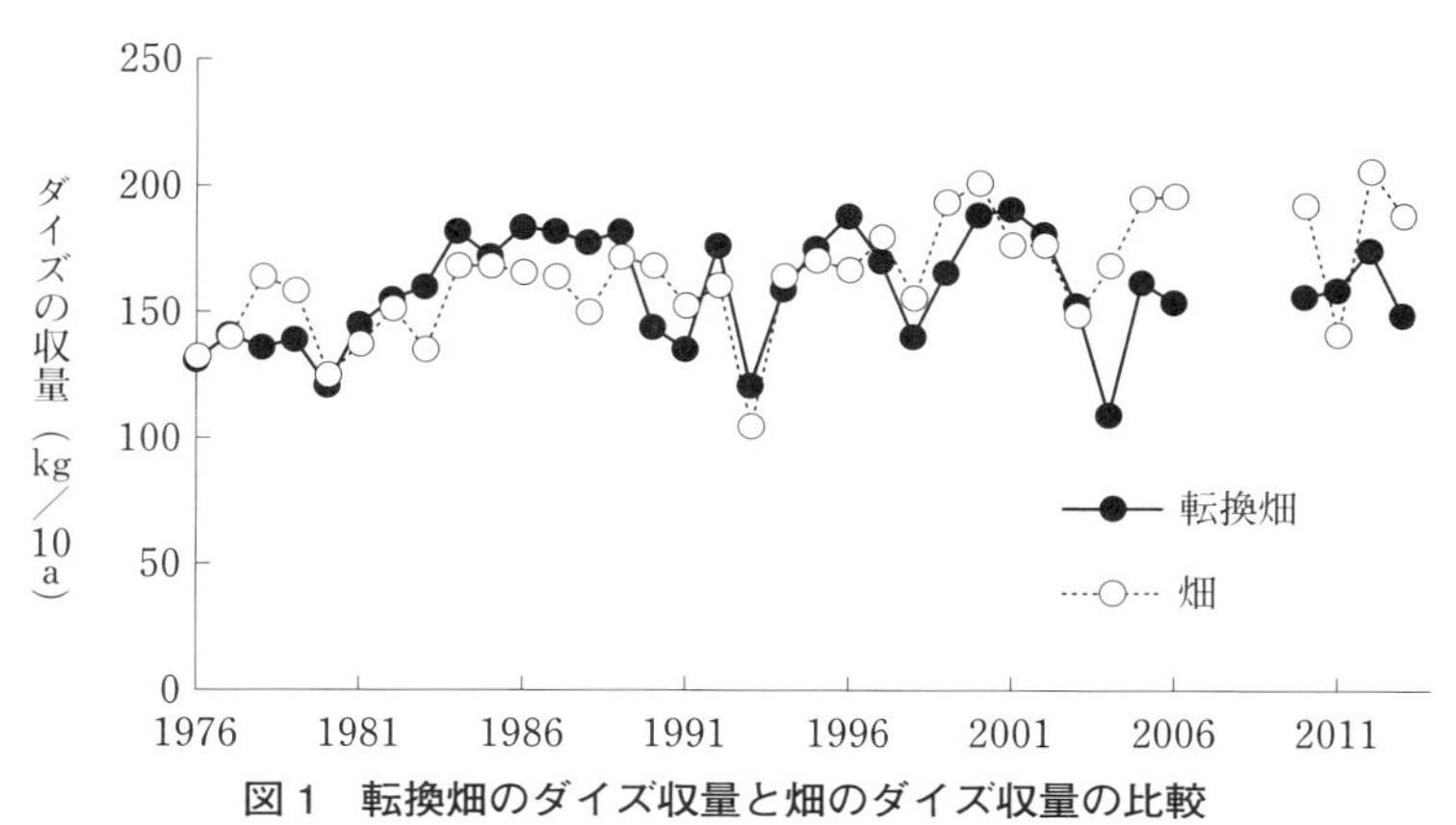

図１　転換畑のダイズ収量と畑のダイズ収量の比較
（農水省「大豆に関する資料」より作成。2010年以降の値は農水省「市町村別作物統計」から計算）

転作作物としてムギ、ダイズ、野菜、飼料作物を選ぶことが一般的である。ムギ、ダイズといった作物はカロリーが高く、エネルギー摂取上重要な品目であるが、自給率は低い。そのため生産過剰が続く米作からこれらの作物に作付転換することは自給率の向上につながっている。実際に、水田は畜産物や水産物も加えた日本の食料全体のカロリー自給率の60％以上を担う場になっており、水田輪作は「糧（かて）」としての食料生産の中核をなすシステムだといえる。

水田輪作の最大の特徴は、畑作期間には本来水を貯めることが得意なはずの水田に水を蓄えず、畑作物を栽培することにある。水田土壌を特徴づける多くの性質は、湛水することによって生まれる（81ページ参照）。ところが水田輪作では、湛水したり落水したりといった急激な水環境の変化を数年の単位で行なうために、土壌は、水田土壌的な性質と畑土壌的な性質の間を、絶えず行ったり来たりすることになる。このような方法で土を管理することの影響については、実は十分にわかっていない。日本の水田連作は数千年単位の実績を持つのに対し、水田輪作が日本中で本格的に実施されてから、わずか40年である。水田輪作の歴史は圧倒的浅く、試行錯誤の途上にある生産システムだといえる。

田畑輪換による地力の低下

この水田輪作に現われた異変が現在話題になっている。転作ダイズの収量が徐々に低下し始めているのである。図1の、転作ダイズと畑作ダイズの収量を見て欲しい。80年代は転作での収量が畑作を上回っていたが、90年代後半から収量が低迷または減少傾向にあり、直近10年では畑作を大きく下回る傾向が常態化してしまっている。日本の他の作物を見ても、時代とともに収量が低下する例はほとんどなく、この傾向は極めて異例である。

この現象に対して、２００４年農研機構東北農業研究センターの研究グループが、転換畑でダイズ作を繰り返すと水田の地力が低下し、収量に影響する可能性があることを発表した。当時はダイズの作付は地力を高めると考えられていたため、これを否定する彼らの発見は画期的なものであった。また、この現象は転作ダイズの低収化をうまく説明できることから、大きな注目を浴びた。

では、どうして畑地化すると地力が低下するのだろう

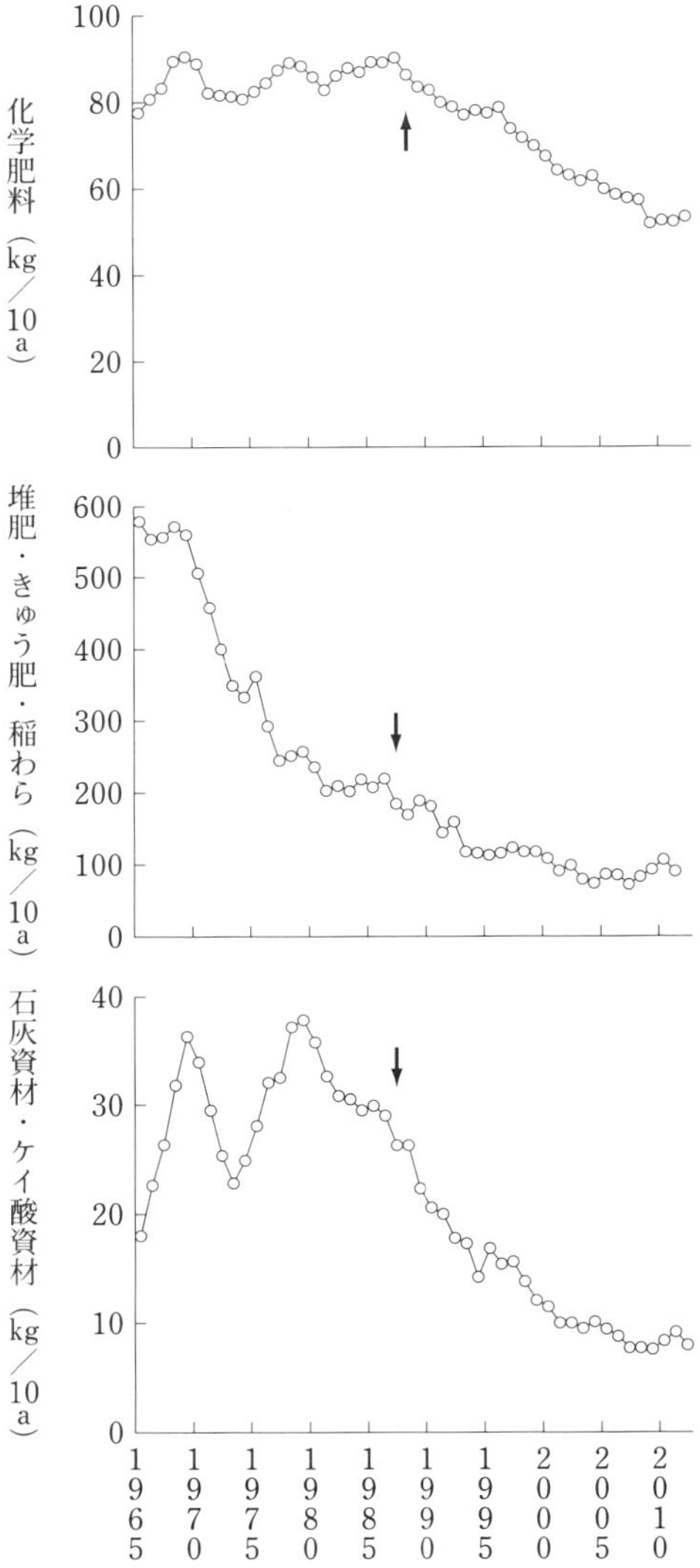

化学肥料（kg／10a）
100
80
60
40
20
0
堆肥・きゅう肥・稲わら（kg／10a）
600
500
400
300
200
100
0
石灰資材・ケイ酸資材（kg／10a）
40
30
20
10
0
1965
1970
1975
1980
1985
1990
1995
2000
2005
2010

図２　稲作への肥料・資材の投入量の推移
矢印は1987年を示す
（農水省「農業経営統計調査」より作成）

か。その後の研究で明らかになったことも含めると大きく二つの原因が考えられている。

第一の理由は、ダイズ作では窒素成分が土壌から収奪されることである。肥料や空気中の窒素の固定によって田んぼに入ってくる窒素をプラス、収穫物等によって田んぼから持ち去られる窒素をマイナスとすると、400～500kg／10ａと収量水準が高い転作ダイズでは、窒素の収支はマイナスであることが明らかになった。ダイズは大量の窒素を含むために、収穫物を持ち出すことで収支はマイナスとなってしまうためだ。これは持ち出し分を補わない限り、ダイズを作れば作るほど土壌が痩せる、ということを意味する。

第二の理由は、畑期間では土壌が空気に触れやすいために、有機物の分解が早く進むことである。転換畑での有機物の分解速度は水田よりも速いことが試算されており、畑期間が長ければ長いほど土壌が痩せてしまうことが予想される。

地力を考える際に、水はけ、水持ち、通気性といった、土壌の物理的な性質も忘れてはならない。転換畑を続けて土壌が乾燥すると、土壌の水持ちが悪くなり、硬く締まる傾向がある。また、硬く締まった田んぼほど、ダイズの収量が低くなることも確認されている。収量低下との因果関係についてはまだ明らかではないが、畑転換は養分だけでなく、土壌の物理的な性質にも大きな影響を与えていることは間違いない。

岐路に立つ水田の土づくり

実は、水田の地力の低下は、水田輪作という単独犯が引き起こした事件ではないと考えられている。そもそも、水田への肥料や堆肥などの投入量が減少しているのである。図2に示したように、化学肥料または堆肥や石灰のような土づくり資材の投入量は、減反政策の開始から長期的に減少を続けている。図2には示していないが、作物生産に特に重要である窒素肥料は、2012年の10ａ当たりの窒素施用量を見ると、1985年の6割程度の水準にまで落ち込んでいる。肥料の施用量が減り、土づくりが行なわれなくなったことが、この地力低下事件の共犯として働いているのだ。

なぜ堆肥の施用量は減りつつあるのだろうか。農家の声をきくと、「土づくりの必要性は十分に理解しているけれども、資材を入れる労力がない」、あるいは「米価の水準が低く、堆肥施用のコストをまかなえない」、といった答が返ってくることが多い。農家自身も高齢化しているし、昔に較べ農家数が減り、1人の農家が管理する圃場の面積は増えている。労力不足の背景としては、このような事情が見えてくる。

コストがまかなえないという事情は、さらに深刻である。土づくりは投資に相当するため、過去の例を見ても、米価の水準は土づくりに直結している。もう一度図2を見てみよう。減反が本格的にスタートした1970年付近と1980年代後半に、石灰資材の投入量が大きく減少している。また、1980年代からは、それまで横ばいだった化学肥料の投入量も減少を始めている。1970年は減反政策の開始年、1987年は食管制度下で生産者米価が引き下げられた記録的な年に相当する。つまり、米価に悲観的な見通しが立つたびに、土への投資は大きく減少することがわかる。最近では1ha程度以下の規模の水稲作の収支は赤字であることが多いため、小規模農家が土づくりの意欲が低いのは自然な結果だといえる。

意外なことに、肥料や資材の投入量が減少することは、これまで明らかな問題とは捉えられていなかった。その理由として第一に挙げられるのは、コメの品質が重視されるようになったことである。窒素肥料を多用したコメは食味が悪くなる傾向があり、消費者はこれを嫌う。窒素肥料の削減は高品質化とコストの削減を両立できるので、肥料や有機物の施用量の減少に拍車がかかった。第二の理由は施肥の効率である。この観点からは、施肥の削減は望ましいと考えられていることである。

そもそも、土壌に施用された肥料はすべて作物に吸収されるわけではなく、かなりの割合が土壌に残ったり、下層へ流亡してしまう。事実、リン酸肥料に限れば水田土壌には相当な量が蓄積しており、無リン酸施用を数年続けても問題がない土壌が多い。施肥の効率をあげるという観点からは、このような無駄な養分を与えず、なおかつ同等以上の収穫物を得ることが優れた栽培技術だということになる。窒素肥料についても、近年の水稲のみかけの窒素利用率は100％（吸収量と施肥量がほぼ同じ）近く、施肥の効率が驚異的に高い。これは日本の施肥技術の高さを示すものだが、裏を返せば、施肥量とほぼ同量の窒素が収穫されるために、「あそび」のない土壌管理が主流になってきたということだ。土壌への「貯金」が見込めなくなってきたのである。

このように土壌への養分投入量が減少した背景には労力、コスト、品質向上、合理化といった様々な要素が関与していることがわかる。

田んぼの土の将来を考える

水田土壌の異変は何を意味しているのだろうか。そして、どのように解決すればいいのだろうか。「養分が足りないのであれば、また入れればいいだけではないか」という声があるかもしれない。しかし、筆者は、地力低下の問題解決はそう容易でないと考えている。なぜなら、これは日本の水田に限った問題ではなく、世界中の多くの食料生産システムがぶつかっている問題と同じだからである。それは、食料生産と土壌保全という相矛盾する活動をどう両立させるかという、古典的な問題である。水田に現われ始めた異変は、数千年にわたって持続性を維持してきた水田作農業も、その問題から逃れられなくなったことを意味しているように思えるからである。

食料は究極のコモディティ（日用品）である。人口が増加し、多くの人間が豊かな生活を望むと、食料をたくさん生産しなければならないし、日用品である限り、他の生産者との競争にさらされ続ける。こうした理由から、贅沢品はともかく、カロリーを供給するような基本的な食料は、絶えず大量生産と低コスト化が求められてきた。もちろんコメやダイズも例外ではない。低コスト化の行き着く果てとして、労力やコストが理由で土づくりが下火になったというのが今日の水田の姿である。

また、生活が豊かになると食が多様となり、様々な作物を生産する必要が生じる。パンを食べるためにはムギが、植物油や畜産物の消費割合が高まればダイズが必要となる。水田輪作の目的はこのようなニーズに応えるために、余っているコメの代わりに、水田に畑作物を導入することであった。この結果、畑に見られるような地力低下が水田でも生じるようになった。

本来、水田という生産システムは単位面積当たりの人口扶養能力は高く、かつ安定的である。しかし、低コスト生産をすすめ、畑作との組み合わせによって需給の調整を図ろうとした近年、思わぬところで安定的な生産に赤信号が灯った。今まで持続性をほとんど気にせずに生産性の向上を追求してきた水田というシステムで、初めて地力の維持が大きな問題になったのである。先に述べた「食料生産と土壌保全という相矛盾する活動の両立という古典的な問題から、水田も逃れられなくなった」とは、このことを意味している。

水田の地力低下が投げかける問題は、日本だけのローカルな問題ではない。コメの消費は、世界的に今後伸び悩むことが予測されている。これはアジアが豊かになり、かつての日本が経験したような食の多様化が進行するからである。米価の低落と畑作物の消費量の拡大は、アジア共通のトレンドかもしれないのだ。その際に、世界的に水田の永久転作が進むのか、あるいは日本型の田畑輪換が行なわれるのか、筆者には予測がつかない。しかし、水田地帯に畑作が入り込むことで、今まで持続的生産が可能だとされてきた水田を主体とする生産システムの見直しが強いられることは間違いないだろう。日本の水田が現在直面している問題は、日本国内や水田だけに留まる問題ではなく、アジア地域の未来の水田作や畑作技術とも渾然とつながっているのである。

低コストでたくさんの食料を作ろうという圧力は、今後も止まらないように思える。肉を食べたい、油を摂取したい、という欲望を十分に満たすほど、世界はまだ豊かになっていないためである。しかし、生産性を向上させつつも、食料生産は持続的でなければならない。このためには、土壌に多くの養分を投入し、効率よく作物に吸収させ、なおかつ土壌の質は適正に管理されなくてはいけない。こうした生産システムを、全世界の人々が豊かな生活を送れるほどの低コストで実現することは、21世紀の大きなチャレンジになるだろう。

私たちは、食料生産の持続性とは遠い国の焼き畑や砂漠化の問題だと考えがちである。しかし、水田という生産システムもこの流れの中で限界が試され、日本の水田土壌はその最前線に立っている。

日本の農地土壌の変化を追う
―世界に類のない長期間定点調査から

小原　洋（農業環境技術研究所）

世界にも例のない、全国2万点の土壌の長期定点調査が、各都道府県によって行なわれてきた。地域別、土壌群別、作物別の農地土壌の調査結果は、私たちにきわめて貴重な知見をもたらしてくれている。

定点調査の方法

定点調査（正式には土壌環境基礎調査の一部）は、農地土壌について5年に1回、同一圃場を調査する方法である。調査項目は、次のとおりである。

▼調査地点の情報　調査時期、位置、土壌分類、地目、作物等

▼断面記載　層区分、土性、土色、構造、堅さ等

▼層位別試料の物理的・化学的性質　3相分布、保水性、pH、電気伝導度、全炭素、全窒素、交換性塩基、可給態リン酸、可給態ケイ酸、可給態窒素等

これらのほか、その圃場での肥培管理等に関するアンケート調査も同時に行なわれた。

ここでは、1979〜1998年の調査結果からみた全国的な農地の土壌特性の状況について、ごく一部だが紹介する。

土壌炭素

土壌炭素とは、土壌中の全炭素の含量を示す値で、炭酸カルシウムが多い等特殊な場合を除き、有機炭素（この値に1・724を掛けて有機物（腐植）含量とする）を求める基礎となる分析項目である。土壌の有機物は、土壌の柔らかさなどの物理性、養分保持能力、緩衝能力、地力窒素の供給能力などに関係する、重要な構成要素である。水田、普通畑、樹園地の代表的な土壌である、灰色低地土、黒ボク土、黄色土について、1〜4巡の全炭素含量の平均値を図1に示した。

1979年から1998年にかけて、水田の灰色低地土では大きな変化がなく、普通畑の黒ボク土ではわずかながら減少し、樹園地の黄色土では増加傾向が認められた。樹園地の中でも特に茶園で

図1　各地目の主要な土壌の炭素含量の変化

注：第1巡目　1979〜1983年、第2巡目　1984〜1988年、第3巡目　1989〜1993年、第4巡目　1994〜1998年

は、全炭素含量の増加は際立っており、切り落とされる茶の葉や茎の多さとpHの低下、不耕起等が相乗的に作用しているものと考えられる。

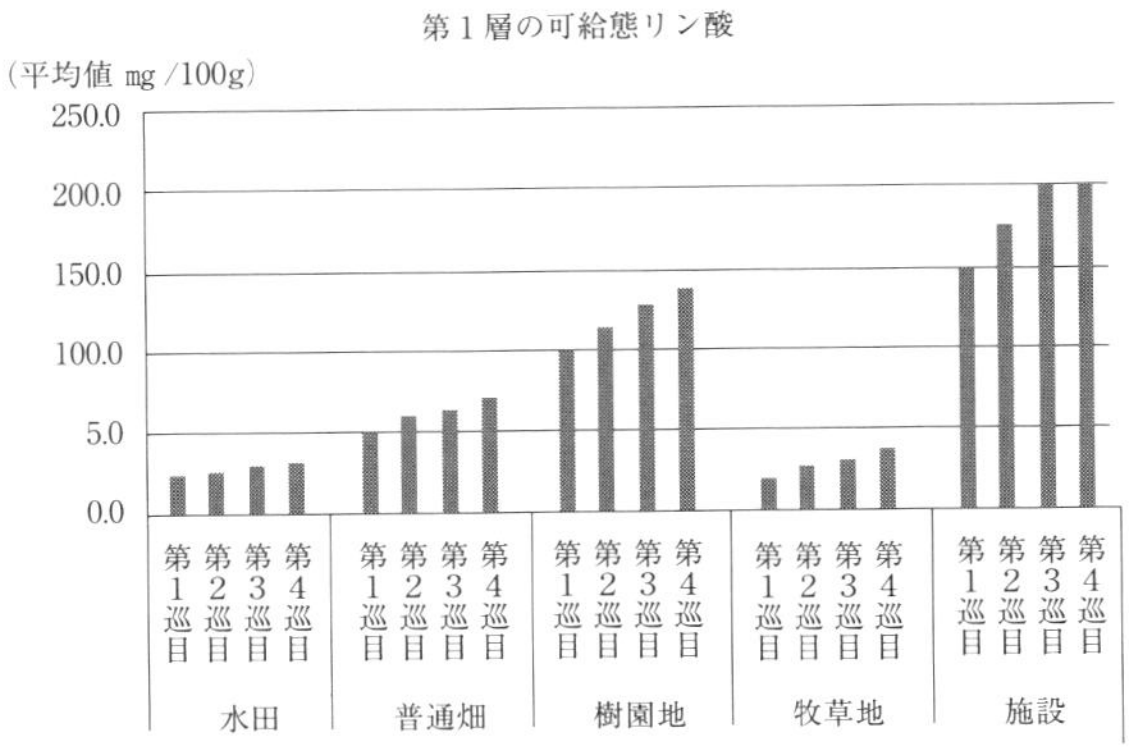

第１層の可給態リン酸

（平均値 mg /100g）

250.0
200.0
150.0
100.0
5.0
0.0

第１巡目 第２巡目 第３巡目 第４巡目

水田　普通畑　樹園地　牧草地　施設

図２　地目別の可給態リン酸の変化

可給態リン酸

１９７９年から１９９８年にかけてもっとも明瞭な変化を見せた項目の一つは、可給態リン酸であった。

リン酸は、窒素、リン酸、カリという肥料の3大要素の一つで、作物には不可欠な元素である。日本の畑地に多い黒ボク土には、このリン酸を強く固定して、植物が吸収できなくしてしまう性質がある。そのこともあって、肥料として投入されるほか、土壌の改良資材としても多くのリン酸が施用されてきた。その傾向が定点調査にも顕著に現われ、ほとんどの地目と土壌タイプで増加傾向が認められている。

第1層の可給態リン酸含量は、水田と牧草地で少なく、普通畑、樹園地、施設の順に高く、また全ての地目で増加傾向が認められる（図2）。黒ボク土関係の可給態リン酸の改善目標値は10～１００mg／１００gとなっているが、定点調査では、その上限である１００mg／１００gを超える地点が、施設や樹園地などで増えてきていることがわかる。

定点調査で調べたそのほかの項目でも、明らかに土壌の劣化につながるような変化は１９７９～１９９８年間で認められず、平均的には、作物栽培に適した（富栄養な）状況にあることがわかってきた。しかし、水田の転作大豆圃場で地力窒素の減少が見られるとの報告が出てきている。また、２０１１年の東京電力福島第1原発事故による放射性物質の汚染のような新たな問題がおこったり、都市化や耕作放棄などにより、肥沃な表土を維持してきた農地そのものが大きく減少してきたりしている。それらの問題に対応するためにも、農地土壌の状況は今後も注意して見ていく必要がある。（なお、定点調査は１９９９年以降、調査事業名、調査地点数、調査内容などを変えながら継続されている。）

多量の食べ物やエサを輸入することは、同時に海外から、莫大な量の窒素などの養分も輸入しているということ。著者は丹念に輸入と国産の生産から利用・廃棄に至るまでの流れを追い、多量の食飼料を輸入することは、生産国での養分・水の収奪につながる一方、日本では富栄養化による環境汚染を引き起こしていると喝破。（編集子）

私たちの食が日本の土壌と環境を壊している

松本成夫（国際農林水産業研究センター）

日本では、紙、ビン、缶、ペットボトルなどの資源ゴミの回収が常識となっている。一方、一般ゴミは大半が焼却（減量化）されている現状だが、こちらのほうも資源化（２０１２年で20％、環境省の平成26年度白書）が進められている。リサイクルは、ゴミの量を減らし、資源として利用するすばらしい方式ではあるが、もしリサイクルされるゴミがもともとは輸入されたものだとすると、リサイクルを受け入れる私たちの国は、海外の資源であふれかえっていることになってしまう。

皆さんもご存じの通り、日本の食料自給率（カロリーベース）はおよそ40％である。この値は、イギリス72％、ドイツの92％など、他の先進国に比べると非常に低い自給率となっている。これだけの食料を輸入に頼ると、食の安全が脅かされると懸念されているほど、日本の食料自給率は低い。しかし、私たちの食料を安定的に確保するというだけでなく、この数値の裏側には重要な問題が隠れている。それは、食飼料（食料だけでなく、肉の原料となる飼料も含める。）に含まれる養分は、屎尿などの廃棄物となり、環境に負荷を与えるからである。つまり、食飼料を輸入するということは、屎尿などの廃棄物も一緒に輸入しているということなのである。食料自給率を上げることは、食料安全のためだけではなく、日本の環境を守ることにもなるということを忘れてはならない。

食飼料の養分が日本の環境に及ぼす影響

窒素量で追うと環境への負荷が見える

図１は、日本に食飼料がどのように供給されるのかを表わしたモデルである。図１の右からは国内で生産された食飼料が供給され、左からは輸入された食飼料が供給

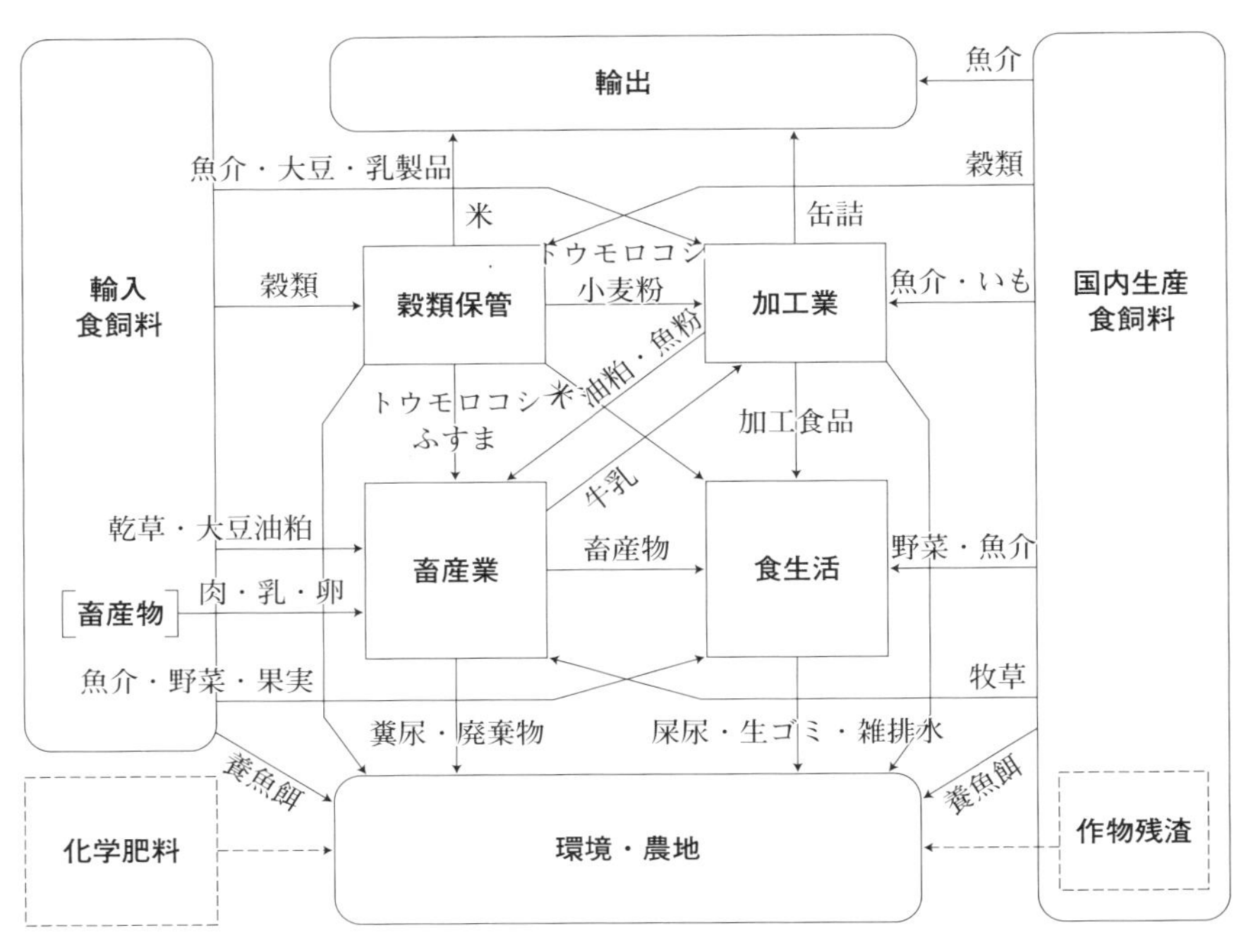

図１　日本の食飼料供給システムのモデル

されていると見ていただきたい。米やトウモロコシなどの穀物は一旦保管され、食料や飼料として食生活や畜産業に供給される。また、穀類や魚介類などは、加工業で食品や家畜飼料となり、食生活や畜産業に供給される。食生活や畜産業からの屎尿や糞尿、加工業からの廃棄物は、最終的には環境・農地に排出される。

このモデルの矢印の量（フローと呼ぶ）は、食料需給表や食品成分表等の統計・資料を用いて求めたものである。その際、大豆や魚介などの品目毎に、どのように加工され、どのような製品・副産物になり、どのように利用されているのかを調べていった（詳細は、織田２００６を参照）。

食飼料の供給の実態を明らかにすることを目的とするのであれば、物量で示すのが良いのだが、このモデルでは環境や農地へどれだけ負荷を与えているかを知りたいため、物量を窒素量に換算してある。これは、窒素が生物の体を構成し、代謝を司る必須元素として食飼料生産には欠かせない元素であると同時に、環境に排出されると富栄養化などの環境汚染の元にもなるからである。

167万tの窒素があふれだしている

図２を見ていただきたい。図１のモデルに沿って、わが国の１９９７年の窒素フローを示した（織田、

輸入食飼料の荷上げ風景
左奥に保管用のサイロが見える
（写真提供　日本内航海運組合総連合会）

２００６）。国内生産食飼料の窒素量は51万ｔであるのに対し、輸入食飼料の窒素量は１２１万ｔにもなり、国内生産食飼料の２・４倍もの窒素が、食飼料の輸入により、日本に持ち込まれていることがわかる。これらの食飼料は穀類保管や加工業を経て、畜産業、そして食生活へと供給される。

窒素フローの算出では、一つひとつの品目について、どのように加工され、どのような製品・副産物になり、どのように利用されているのかを調べ、丹念に窒素換算していった。これをたどると、穀類保管や加工業、畜産業、食生活に供給される食飼料のうち、どれくらいが輸入された食飼料なのかを計算することができる。これによると、穀類保管では77％、加工業では79％、畜産業に入る飼料では79％、そして、食生活では62％もの窒素が輸入食飼料由来だとわかった。私たちの食飼料は、常識で思い込んでいる以上の、かなりの割合を輸入食飼料に頼っていることがはっきりしたのである。

図の下のほうにある「環境・農地」が、その出口である。食生活から排出される屎尿・廃棄物の窒素量は65万ｔ、畜産業から排出される家畜糞尿等の窒素量は80万ｔ。他にも加工業等から廃棄物等が加わり、日本の環境・農地に流れ込んでいる総窒素量は１６９万ｔにもなっていることがわかる（環境・農地の箱の中の数値は廃棄物の合計であり、化学肥料や作物残渣は含んでいない）。

それだけではない。環境・農地への窒素量に、農地に施される化学肥料の窒素量49万ｔが加わる。つまり、合計２１８万ｔの窒素が環境・農地に供給されることになっているのである。この窒素のうち、国内生産食飼料51万ｔに吸収されると仮定すると、環境には、差し引き１６７万ｔの窒素が過剰になる計算になる。すなわち、国内生産食飼料の3倍以上の窒素量が、環境に負荷を与えたり、過剰に農地に蓄積することになり、わが国の環境と農地に大きな負担をもたらしていると言えるのである。

輸入量が少ない頃の食飼料供給の状況

食飼料の輸入量が少ない時代は、農地への窒素投入量が少なく、そのため、農地への窒素過剰量が少なかった

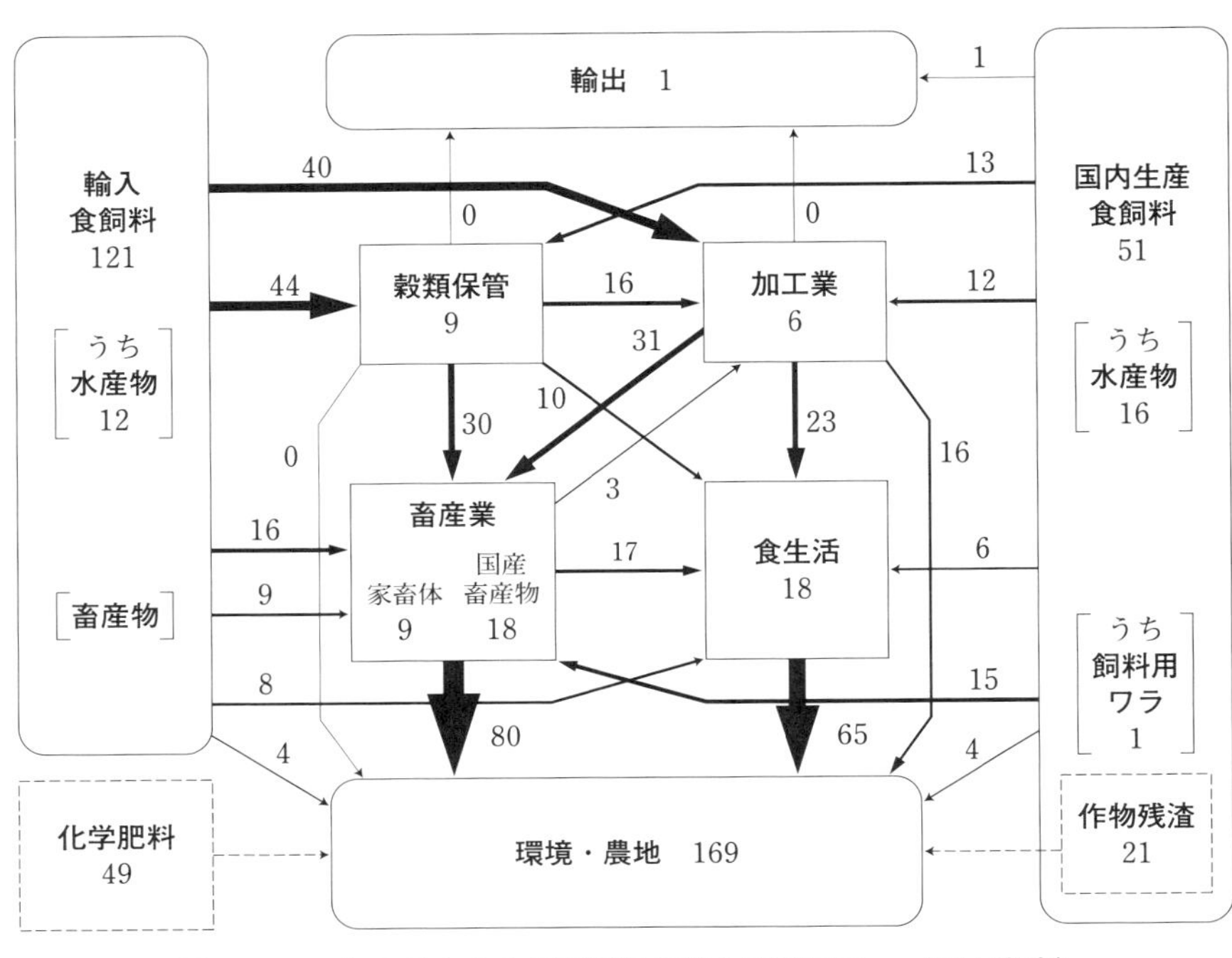

図２　1997年の日本の食飼料供給に伴う窒素フロー（万ｔ窒素）

のではないかと想像される。三輪・岩元（１９８８）は、１９６０年の食飼料供給に伴う窒素フローを見積もった。それを、図１のモデルに沿って表示したのが図３である。１９６０年と言えば、「農業基本法」のもとでの選択的拡大が始まる直前で、当時の食料自給率は78％（１９６１年）であった。

当時の国内生産食飼料の窒素量は51万ｔであり、１９９７年とほぼ同じ窒素量だが、供給経路が異なる。１９６０年には、国内生産食飼料の窒素は、主に、穀類保管を経由して食生活に供給され（これは主に米）、また、食生活に直接供給されていた（魚介類は主に生鮮で供給）。

一方、輸入量は17万ｔと、国内生産の窒素量に対して0.3倍しかない。従って、日本の食飼料供給への影響は低いものであったことがわかる。加工業は、扱われる窒素量が少ないため、食飼料供給の全体に及ぼす影響は低いのだが、１９６０年時点で既に、国内生産食飼料からの３万ｔを上回る６万ｔ弱が輸入食飼料から供給されており、輸入に頼る特性が見え始めている。また、当時は畜産業がまだ発展しておらず、飼料供給窒素量や生産物窒素量が少なく、飼料供給窒素量に対する生産物窒素量の割合も低い状態であった。

環境・農地へ流れ込んだ窒素量を見ると61万ｔで、

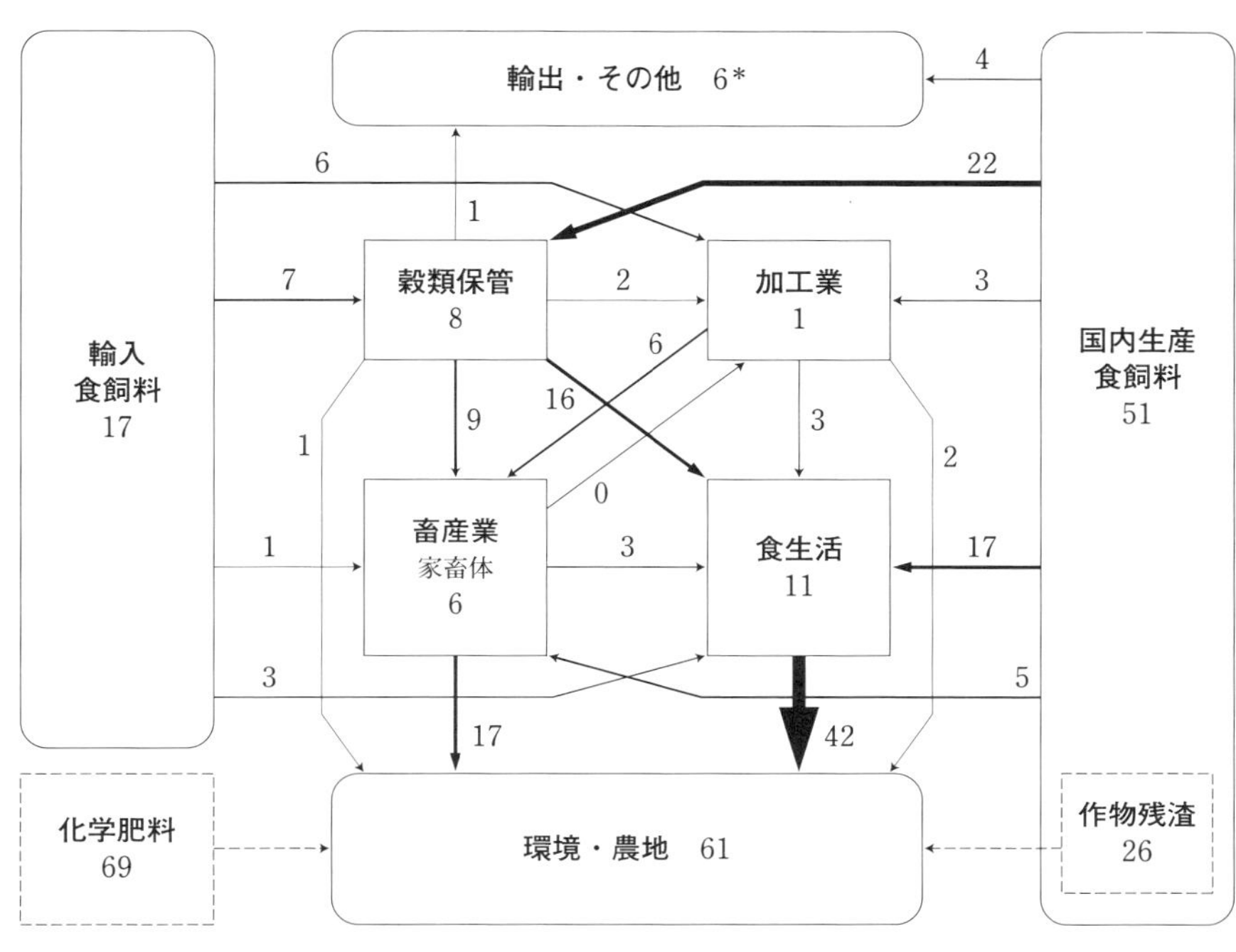

図3　1960年の日本の食飼料供給に伴う窒素フロー（万t窒素）

農地に施された化学肥料の窒素量69万tを合わせて、130万tの窒素量が日本の環境・農地に排出されていたことになる。食飼料は、作物であれば農地、魚介類であれば水系の養分（この図では窒素）を吸収して成長するので、環境・農地に排出された窒素130万tは、国内生産食飼料の51万tにその一部が吸収されたと見ることができる。差し引き、環境・農地では、79万tの窒素が余剰となっていた。

図2と図3からわかることは、1960年の食飼料供給は、農地―国内生産―穀類保管―食生活―農地の循環系に化学肥料が加わることで支えられ、環境・農地への窒素負荷は79万tであったが、1997年になると、循環系の窒素量の2・4倍もの窒素量が輸入され、環境・農地への窒素負荷が167万tにまで高まったということである。

つまり、1960年は化学肥料による窒素付加が問題であったが、1997年は、化学肥料以上に輸入食飼料による窒素付加が、農地―国内生産―穀類保管―食生活―農地という循環系から大きくはみ出した膨大な量にのぼり、多大な問題を日本の環境・農地に与えるようになったと言える。

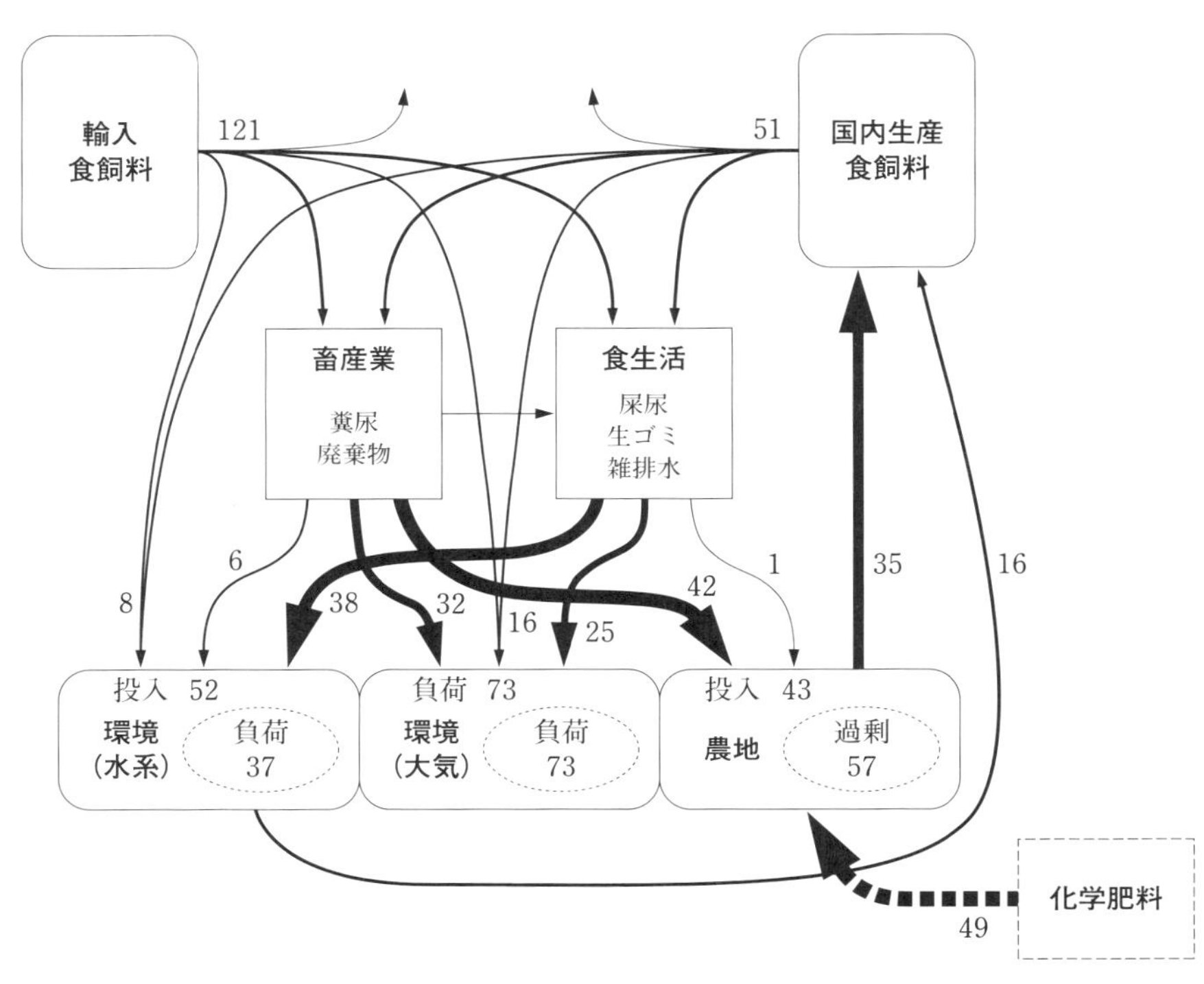

図４　農地、環境（大気、水系）への窒素流入量と収支（万ｔ窒素、1997 年）

環境への窒素負荷　農地の窒素過剰

これまで、環境に農地を含めて評価を行なってきた。ただ、環境（大気・水系）に排出される窒素は環境負荷となるが、農地に還元される窒素は作物生産に利用される。そのため、同様に排出される窒素であっても、環境（大気・水系）と農地のそれぞれにどれくらいの窒素が排出されたのかを、区別して考えることが重要である。そこで、１９９７年の窒素フローについて、食生活からの屎尿、生ゴミ、雑排水及び畜産業からの糞尿、廃棄物の処理過程における窒素の行方をまとめた報告（農林水産バイオリサイクル研究「システム化サブチーム」、２００６）を参考に、食生活及び畜産業から排出される窒素の行方を試算した。

食生活から排出される屎尿と雑排水は、下水処理場等の処理施設で、脱窒処理によって含まれている窒素を大気に逃がし、廃水する分と、残った固形分である汚泥に分けられる。汚泥は焼却したり、埋立に使われたり、堆肥に利用される。生ゴミは焼却処理、堆肥に利用される。また、畜産業から排出される家畜糞尿は糞尿処理をされ、堆肥に加工されて農地に施用される。糞尿処理の過程で、一部の窒素は揮散し、一部は廃水として河川に流出する。

窒素の動きを整理しておこう。脱窒・揮散・焼却された窒素は大気への環境負荷、廃水・埋立の窒素は水系への環境負荷となり、堆肥は農地へ施用される。これまで述べなかった窒素付加要素として、養魚餌と穀類保管及び加工業からの廃棄物があるが、それらについては次のように扱った。国内生産食飼料及び輸入食飼料から環境・農地への養魚餌は水系へ負荷するとし、穀類保管及び加工業から環境・農地への廃棄物は焼却処理され、大気へ負荷するとした。

その結果をまとめたのが図4である。水系には52万t、大気には73万t、農地には43万tの窒素が負荷または投入されていると見積もることができた。ここで、国内生産食飼料への窒素吸収を計算する。水系へ負荷となった窒素は国内水産物（16万t、図2参照）に吸収され、国内生産食飼料51万tから水産物16万tを引いた窒素量35万tが、農地から農作物に吸収されたと考える。これに化学肥料窒素を加えて窒素収支を計算すると、環境（水系）へ37万tの負荷、環境（大気）へ73万tの負荷、農地では57万tの過剰になると見積もることができた。その結果、多量の輸入食飼料の窒素が環境（大気・水系）に負荷を与え、農地では、化学肥料が窒素の過剰供給をもたらしていることがわかる。

農地での過剰窒素量57万tは、化学肥料施用窒素量49万tを超える量で、作物栽培総面積472・1万haで割ると、121kg／haにもなる。稲の収穫物に吸収される窒素量は59kg／ha（玄米の窒素含有率1・1%、玄米反収を540kg／10aとして）、キャベツでは88kg／ha（窒素含有率0・21%、反収42t／haとして）なので、農地での過剰窒素量はかなり高い窒素量であることがわかる。また、この窒素量は土壌窒素量のおおよそ4%に当たり、土壌に蓄積されれば、肥沃度向上に寄与することができるが、適正範囲を超えると、作物生産に害を及ぼす。また、脱窒や揮散により大気に放出したり、流去や浸透により水系に流出したりすることもあるので、そうなると大気や水系への環境負荷がさらに高まることになる。

輸入食飼料が増え、国産が低下している

図2から、環境・農地への多大な窒素負荷は、多量の輸入食飼料に起因することを明らかにしたが、輸入食飼料はいつ頃から増えてきたのだろうか。

1960年から2009年までの、食飼料の国内生産量と輸入量の変遷を図5に示した。なお、この図の数値は物量であり、窒素量ではないので、ご注意下さい。

1960年の食飼料の輸入量（物量）は900万tであった。国内食飼料は6300万t生産されていたから、国内生産量と輸入量の物量比は100：14と、輸入量の比率はわずかであった。

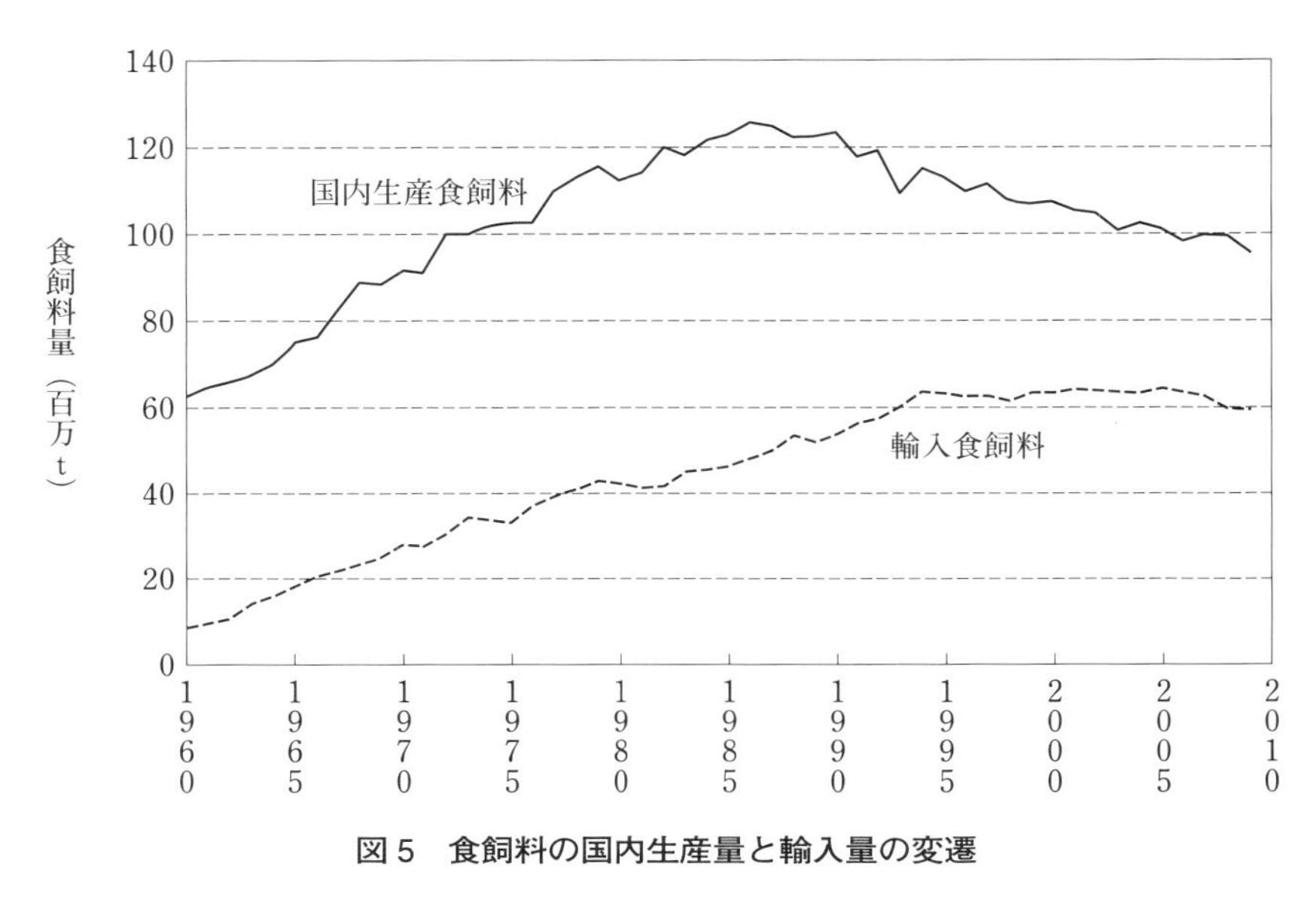

図５　食飼料の国内生産量と輸入量の変遷

その後、国内生産量、輸入量とも増加し、国内生産量は１９８６年に１億２６００万ｔに達し、１９９１年以降、低下している。一方、輸入量は１９９４年に６３００万ｔに達し、それ以降、この量で推移している。１９９７年の国内生産量と輸入量の物量比は１００：56と、輸入量の比率が高くなり、２００９年には１００：62になった。

さて、ここで、物量では国内生産量の方が多いのに、窒素量では輸入量の方が多いのは何故だろうと、疑問を持っておられると思う。それは、輸入される食飼料に、大豆やトウモロコシなど、窒素含有率が高い品目が多く、国内生産食飼料は米や野菜など、窒素含有率が低い品目が多いためである。

また、１９６０年と１９９７年の国内生産食飼料の窒素量は、それぞれ51万１０００ｔと51万ｔとほとんど同じ量であるにもかかわらず、物量はそれぞれ63百万ｔと１億１２００万ｔと大きく異なることも疑問に感じておられると思う。これは、１９６０年には大豆やいも類の国内生産量が多かったのに、１９９７年には野菜や生牧草等の、水分を多く含む品目の生産量が増えたためである。

さて、この間の日本への食飼料供給の変化を見ると、輸入量が増えたことだけでなく、国内生産量の低下も特微である。図4に示した「農地」の窒素「過剰」量を思い出していただきたい。もし国内生産食飼料の窒素吸収量を増やすことができると、農地における窒素過剰量が低下することがご理解いただけると思う。すなわち、食飼料の国内生産量の向上は、農地の過剰な窒素量の低減に貢献することになるし、環境に負荷となっている窒素を、より多く受け入れることができるようになるのである。

環境負荷低減の様々な提案

畜産業からの家畜糞尿は、農地に過剰な養分蓄積をもたらし、環境負荷を増大するため、畜産物をすべて輸入すれば一挙に問題は解決するといった提案が出されたことがある。図2の、畜産業から農地へ流れ込む窒素量を見ると、そうかもしれないと思われるかもしれない。それは、輸入飼料が畜産業に供給され、多大な家畜糞尿をもたらしていることが明らかだからである。しかし、本当にそうだろうか？

国内の畜産業をなくし、畜産物を輸入に頼るとして試算してみよう。

輸入食飼料の窒素量１２１万tのうち、飼料として畜産業に流れ込む窒素量や廃棄物以外で畜産業から出ていく輸入食飼料由来の窒素量を差し引くと、輸入食飼料の窒素量は59万tにまで低下する。同時に、国内生産の飼料生産の窒素量がなくなるので、国産飼料由来の窒素量を差し引くと、国内生産食飼料の窒素量は約32万tまでに低下する。その結果、１６８万tあった環境・農地への流入窒素量は87万tに低減するということになる。しかし、図4に示した農地も含めた環境への窒素流入量と収支を見ていただきたい。畜産物をすべて輸入すれば、それまで農地還元されていた家畜糞尿もなくなるということになる。つまり、国内生産食飼料を支えるのは、牧草生産のために施されていた化学肥料9万t（牧草への施肥量より算出）を差し引いた41万tになる。大気と水系を合わせた環境負荷は、１１０万tから71万tと大きく低下する。しかし、それでもまだ大きな窒素量が環境負荷となって残ることになるのである。このことは、短絡的に日本の畜産業をなくして環境負荷を減らすという方向ではなく、廃棄物の農地還元を行ない、窒素の循環利用を維持し、国内生産食飼料を向上させることこそが問題解決のポイントであることを示している。

では、食飼料の国内生産量を増やすことで、どれくらい改善できるのだろうか。１９９７年の作付延べ面積は約４７０万haだが、１９６０年は約８３０万haもあった。なお、農地利用率は１９９７年が95％、１９６０年が１４０％（二毛作など）であった。作付面積を１９６０

年当時に拡大して、その比率で国内生産量を増大できると仮定すると、国内生産食飼料の窒素量は51万t→90万tに増えると見積もられる。その分、輸入食飼料を減らすことができるとすると、輸入食飼料の窒素量は82万tにまで低下する。しかし化学肥料施用量は、国内生産食飼料の増大に伴い、49万t→87万tに増える。そのため、環境と農地への窒素負荷量は1万t強しか低下しない（国内生産食飼料への吸収量増加39万tと、化学肥料施用量増加38万tの差）。

これまで、国内生産量を増やし、輸入量を減らすと、環境・農地への負荷が低下すると言ってきたにもかかわらず、その効果が殆ど認められない結果になり、困惑しておられることと思う。ここで、改めて試算値を確認してみよう。国内生産を増やした場合の国内生産食飼料の窒素量は90万t、輸入食飼料の窒素量は82万tである。1960年に比べて、国内、輸入のいずれも、かなり大きい値である。これは人口が1・34倍に増えたことと、1人当たりのたんぱく質供給量が1・25倍に増えたこと、そして畜産が振興したことにより、わが国全体の食飼料要求量が増大したためである。これを支えたのが輸入食飼料である。大きくなった食飼料要求量を国内生産で賄うためには、農地の確保と効率的な利用に加え、化学肥料施用量を抑え、多量に出る廃棄物を効率的に利用することが必要であることをご理解いただきたい。

食料輸出国は農地・環境に負荷をかけて生産していることを忘れるな

日本の高い食飼料要求を支えるため、輸入食飼料に頼っていることを述べたが、食飼料を輸出する国について言及しておきたい。食飼料輸出国には、アメリカ合衆国、カナダ、アルゼンチン、オーストラリア、フランス、タイなどがある。この食飼料を輸出している国では、どのような窒素フローになっているのか、タイ国のコメ生産を支えている東北地域にあるコンケン県を事例に（図6・Matsumoto *et al.*, 2010）、解説したい。

調査対象としたのは1990～1992年と20年前のことだが、コンケン県では当時、作物生産にあまり化学肥料を使っていなかった。作物収穫物に吸収された窒素が8500tなのに対し、それを支えていたのは5800tの化学肥料である。足りない窒素は、土壌から放出される土壌窒素に頼っていることがわかる。家畜糞尿が多量に施されているのではないかと思ってしまうが、コンケン県では家畜は役畜や蓄財のために飼われているため、粗放的に飼養されており、家畜が食べた分が糞尿となって農地に落ちる状況で、日本のように大量の家畜糞尿中の窒素が土壌からあふれ出ることはなかった。このような状況で、米などの生産を行ない、出荷しているため、化学肥料だけでは不足する窒素を補うことはできず、そのしわ寄せは農地の土壌窒素の低下に現われ、この調査結果から、年間1万1000tずつ土壌中の窒素が減ると見積もることができた。コンケン県では、農地の窒素を収奪ながら、他国へ輸出するための作物栽培が行なわれていたのである。

現在、タイの農業生産では、20年前の3倍程度の化学肥料を施用されており、農地からの窒素収奪は起こらなくなっている。しかし、日本と同じように畜産業が増えてきているものの、機械化が進み、役畜が大幅に減少している。そのため家畜頭数が減り、家畜糞尿の農地還元量が少なくなった。土壌養分は化学肥料により支えられているが、家畜糞尿等の有機物投入量が少なくなってしまったため、かつての養分収奪から、土壌肥沃度の低下に問題が移っている。同様な事例は、中国での窒素フローの研究でも認められている（Liu *et al.*, 2008）。また、最近、タイでは、化学肥料多量施用による環境負荷の問題が起こっていると聞く。それとともに、土壌肥沃度維持も重要課題として国レベルで対策が進められているようである。

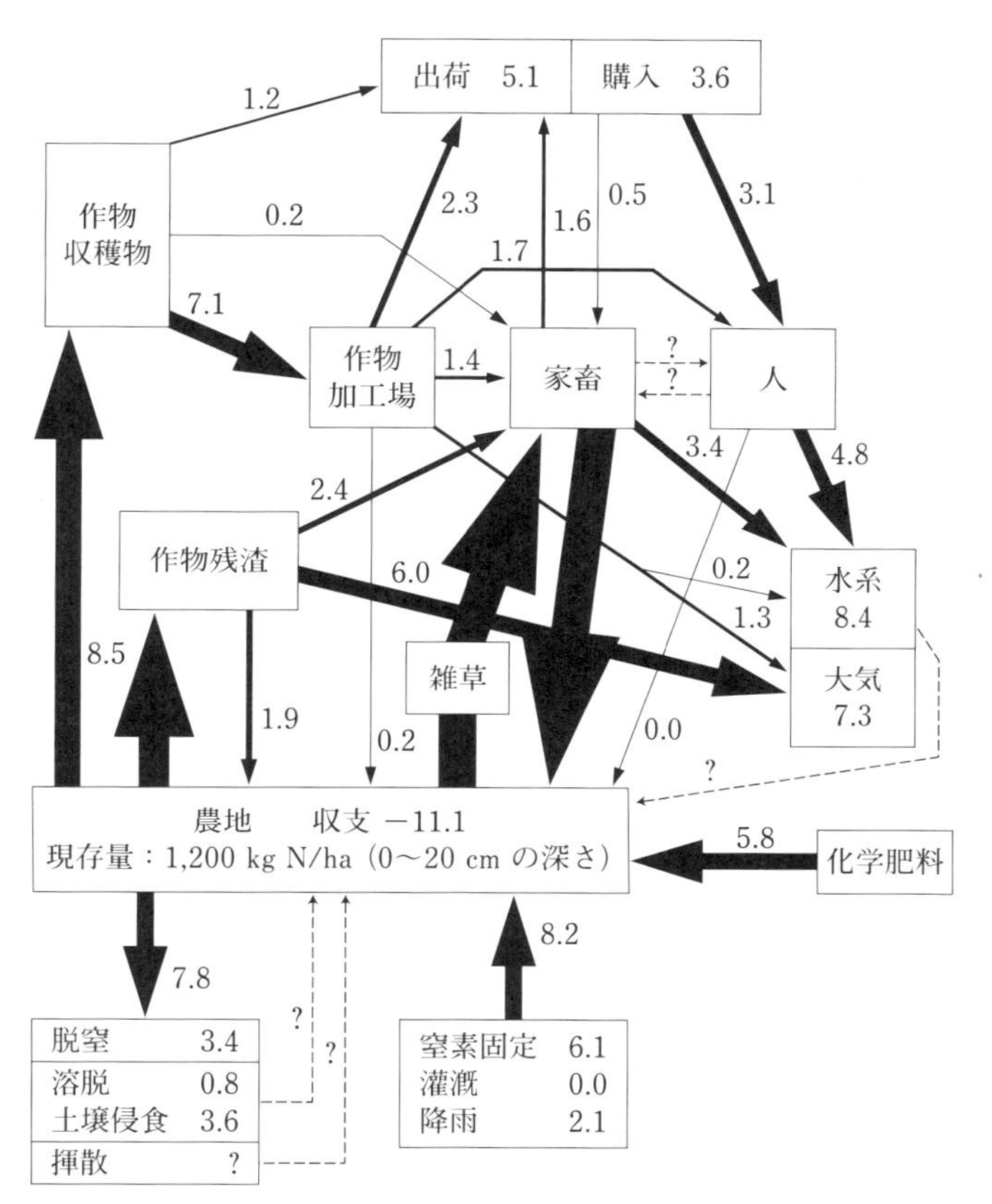

図6 1990～1992年タイ国コンケン県における農業生産に伴う窒素フロー（千t窒素/県/年）

食料輸出国の悩みがよくわかる事例だと思う。

現在の農業輸出国では、化学肥料によって高い農業生産が支えられており、そのため、余剰の窒素による農業からの環境負荷が発生している（例：Frissel, 1976）。本章稿で示した窒素フローは、農地及び環境へ負荷する窒素がどこから来るのかを明らかにしてくれる。窒素による農業からの環境負荷への対策を立てる上で、役に立つと考える。

わが国が輸入している食飼料を生産している国では、これまで述べてきたように、自国の農地及び環境に負荷をかけて、輸出する食飼料を生産しているのである。本来のグローバル化とは、適した場所で適した生産を行ない、皆が幸せになることだと言われている。私たちは、食飼料供給及び経済においてグローバル化の恩恵を受けているが、一方で、わが国に食飼料を供給してくれている世界の国で、食飼料の生産のために農地と環境に負荷をかけていることも知っておくべきだと思う。そして、これらを踏まえ、どのような選択をしていけばいいのか、本稿がそれを考えるきっかけになればと思う。

オゾンホールの研究でノーベル賞を受賞したクルッツェンは、人間活動の増大が地球の緩衝力に影響を及ぼすようになった産業革命以降を「人新世（アンソロポセン）」と名付けた。米国第32代大統領F・D・ルーズベルトは、「自国の土壌を破壊する国は、自らの国を破壊する」と記した。わが国の40年前の土づくり推進運動の標語は「人が土を守れば、土は人を守る」だった。（編集子）

豊かな日本の土を活かし維持しつづけるために

木村　武（ＪＡ全農）

世界では、森林伐採や家畜の過放牧に伴う土壌侵食、塩類集積、砂漠化など、土が荒廃する面積は年間5万㎢に及ぶ。日本は多雨で急斜地が多いにもかかわらず土壌侵食の被害は少ない。これは傾斜地の森林と、低地の水田を中心として土地利用がなされてきたためである。しかし、現在では集約的な農業により土を酷使した結果、施設園芸を中心に多量施肥による養分の過剰蓄積の一方、水田では堆肥や土壌改良資材の投入不足などによる地力の低下も生じており、土壌管理のあり方をあらためて考える必要があろう。

「母なる大地」の危機
―人新世（アンソロポセン）の責務―

２０１５年を国際土壌年とする国連決議では、「土壌は地球上の生命を維持する要」であり、「土壌の持続性は人口増加圧力に対処するための要」であるとされている。その「要」の最たるものは農業による食料生産であり、それを支える農地土壌は「母なる大地」として機能してきた。

図１には、農耕開始以降の世界の人口の推移と、１９６０年以降の耕地面積・穀物生産の動向を示した。農耕の起源については諸説あるが、最終氷河期が終わった頃のおよそ1万年前といわれる。道具の使用も相俟って、安定した食料獲得手段を得た人類は、農耕が始まった頃の人口約５００万人から、約1万年以上の年月を経て17世紀半ばには5億人へと増えた。また、18世紀後半から19世紀にかけての産業革命以降の工業技術によってもたらされた化学肥料、化学農薬、農用機械、灌漑設備等の利用により農業生産は拡大し、20世紀半ばの世界人口は30億に達した。さらに、１９６５年～１９９０年の

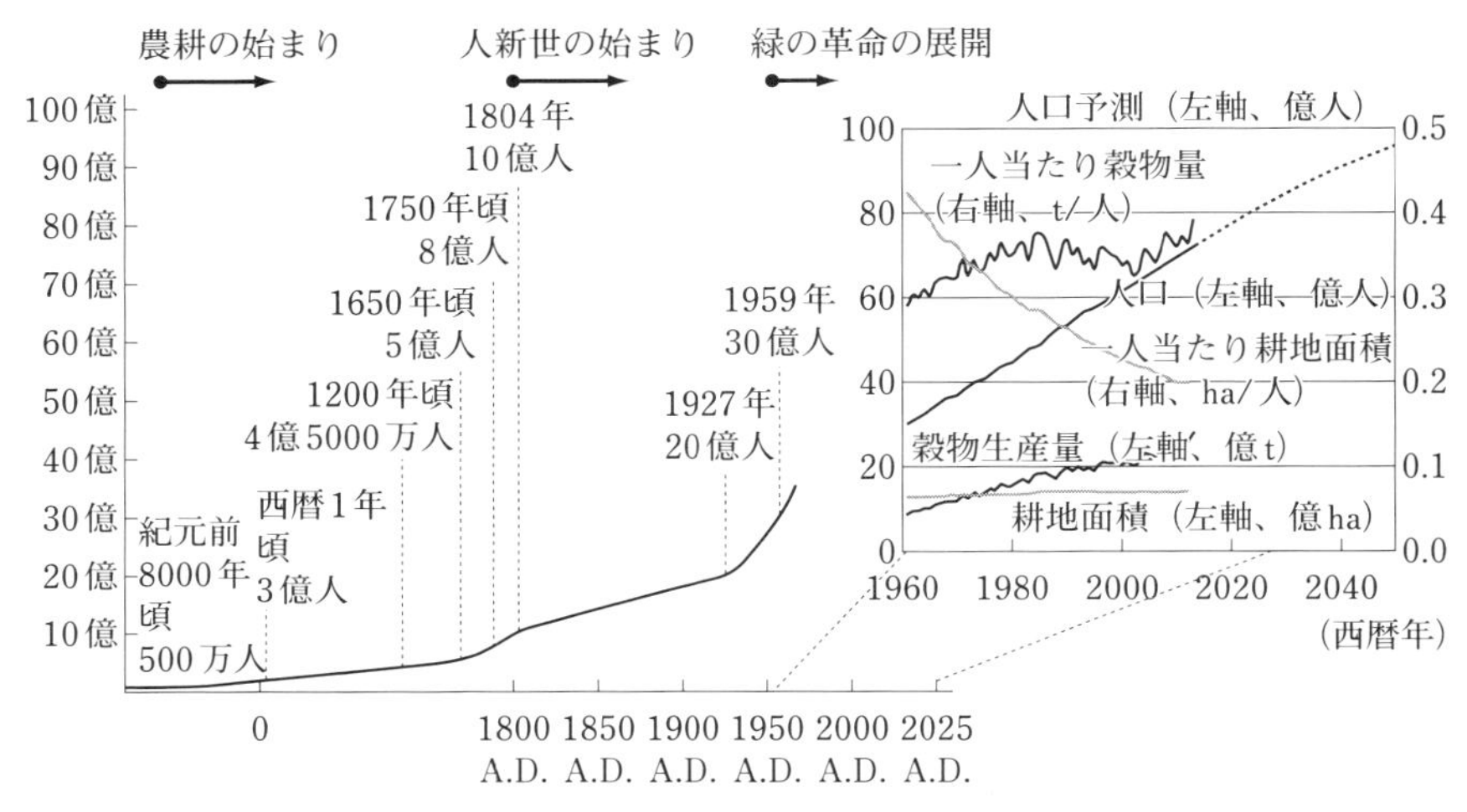

図１　世界の人口、耕地面積、穀物生産量の推移

（UN（POPIN）およびFAOSTATより作図）

約25年間は、多収品種を灌漑・多肥で栽培する「緑の革命」が世界に普及・拡大し、農耕地の総面積がほとんど増えないなか、単位面積当たり収量の飛躍的な向上によって、人口当たりの穀物生産量は増大の傾向を示した。しかし、「緑の革命」の技術が普及した１９９０年以降は、多くの地域で穀物の反収は停滞し、また、大きく変動するようになった。一方、人口増大は継続し、途上国を中心に飢餓人口は８億ともいわれ、２０５０年の人口は90～１００億に達すると予測されている。

人口増加に伴う人間活動の増大は、一方で膨大な資源とエネルギーを使用することとなり、やがて地球の緩衝力を超える影響を環境へ及ぼし、地球規模での気候変動や土壌荒廃が顕在するようになった。オゾンホールの研究でノーベル賞を受賞したＰ・Ｊ・クルッツェンは、人間活動の増大が地球の緩衝力を超える影響を及ぼすようになった時代を「人新世（アンソロポセン）」とすべきと提案し、極地の氷に閉じ込められた過去の大気中の二酸化炭素やメタン濃度の上昇からみて、「人新世」は産業革命の頃から始まったとしている。「人新世」における気候変動や土壌荒廃は農業生産を不安定化した。のみならず、近年では、農業自体が環境への大きな負荷源となり、大規模な灌漑農業による地下水の枯渇や塩類化、過剰に投入された肥料や農薬による水質汚染などが進行

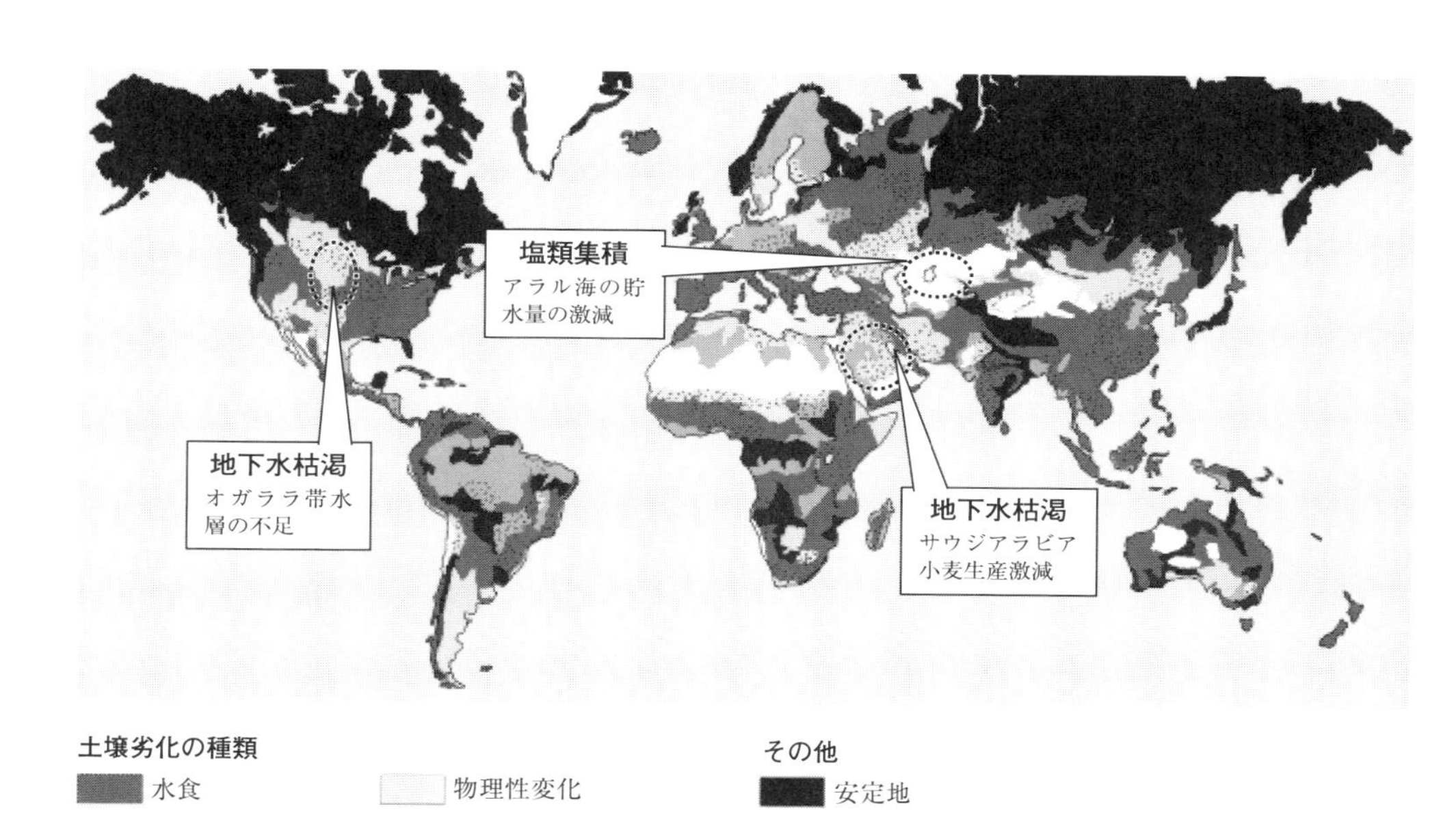

図2　世界の土壌の劣化の種類・分布と灌漑農業による地下水枯渇・塩類集積
（UNEP資料および農林水産省「食料の未来を描く戦略会議」資料より作成）

している地域も顕在化するようになった。

図2は、国連環境計画（ＵＮＥＰ）がとりまとめた、農業生産の基盤である土壌の荒廃状況を示した。このうち、水食と風食を合わせた土壌侵食が16・5億haと最も多く、養分・有機物・汚染物質等・塩類化等による化学性変化が2・3億ha、構造破壊・圧密・排水不良等の物理性変化が0・8億haと見積もられている。

このように、食料とエネルギー・人口・環境を巡る問題として農業生産の停滞があり、農業の持続性の喪失をもたらす土壌の荒廃を食い止め克服していくことは、人類の世紀ともいわれる「人新世」における将来への責務となっている。

私たちの国では土にどう働きかけてきたのだろう

「自国の土壌を破壊する国は、自らの国を破壊する」――これは「土壌保全地区法」の制定に際して、各州知事へ宛てた書簡にしたためられた、当時の米国大統領Ｆ・Ｄ・ルーズベルトの言葉（１９３７年）である。米国は大平原地帯が激しい干ばつと暴風に見舞われ、その被害を受けた地域は「ダストボウル」と呼ばれて、作物は大きな打撃を受けて農家の破産が大きな社会問題となっていた時代であった。この頃から、土壌保全局が設置されて、土壌侵食を抑える指導が始まった。では、わが国の農地土壌の保全はどのように取り組まれ、何が課題となっているのであろうか?

食糧不足解消を目指した耕土培養法と地力増進法

わが国では、特に畑土壌を中心に火山灰に由来する土が多く、リン酸が強く固定され作物への供給力が低いなど、母材の化学的性質が不良である。それに加え、温暖多雨な気候、急峻な地形等の影響で有機物の分解や塩基の流亡等が生じやすく、自然のままでは地力が低い不良土壌が広く分布している。1952年に制定された「耕土培養法」に基づく全国規模の土壌調査事業で、水田・畑とも、全面積の60%以上が何らかの不良土壌であることが明らかにされた。引き続き実施された化学性改良事業は、酸性土壌や火山灰土壌の低リン酸の改良などにより戦後の食糧不足解消に大きく貢献した。「耕土培養法」は1984年に廃止され、新たに「地力増進法」が制定された。

「地力増進法」では、耕土培養法にはなかった土壌改善目標値や土壌改良資材の品質基準などの、土壌管理についての科学的な基本的技術指針と基本的な営農技術が定められた。地力増進基本指針で示された基本的な土壌改善目標は、各都道府県の土壌診断基準の基礎となり、それによって、農作物の将来にわたる生産基盤である土壌について、意欲をもった農業者が正しい土壌管理を行なうのを、国や都道府県の行政機関が積極的に支援する枠組みが定められた。

持続性を重視する環境保全型農業

1970年前後を境として、欧米等の先進諸国では、多投入・集約的、化学資材依存型農業への変化によって環境への負荷が増大し、一方、発展途上国では、輸出偏重型へ傾斜して農地や水資源の劣化問題が発生した。1970年代後半には、環境の保全者と同時に加害者としての農業の位置づけと、農業がもたらす負の側面の是正の必要性が、UR(ウルグアイラウンド)農業交渉やOECDの「農業と環境レポート」において提言された。また、「緑の革命」が普及した先進諸国では、1970~1980年代にかけて過剰農産物の処理が重要な政策課題となり、農業環境対策と農業政策が連動して、環境を軸とした農業政策体系の見直しが行なわれた。

日本農業は水田が基軸の生産システムであり、海外のように激しい土壌侵食や砂漠化・塩類化などの環境問題はあらわになりにくい。それでも、化学資材の多投などによる集約的生産に伴い、農業に関わる地域環境の悪化が認められるようになった。そのため、1990年代に

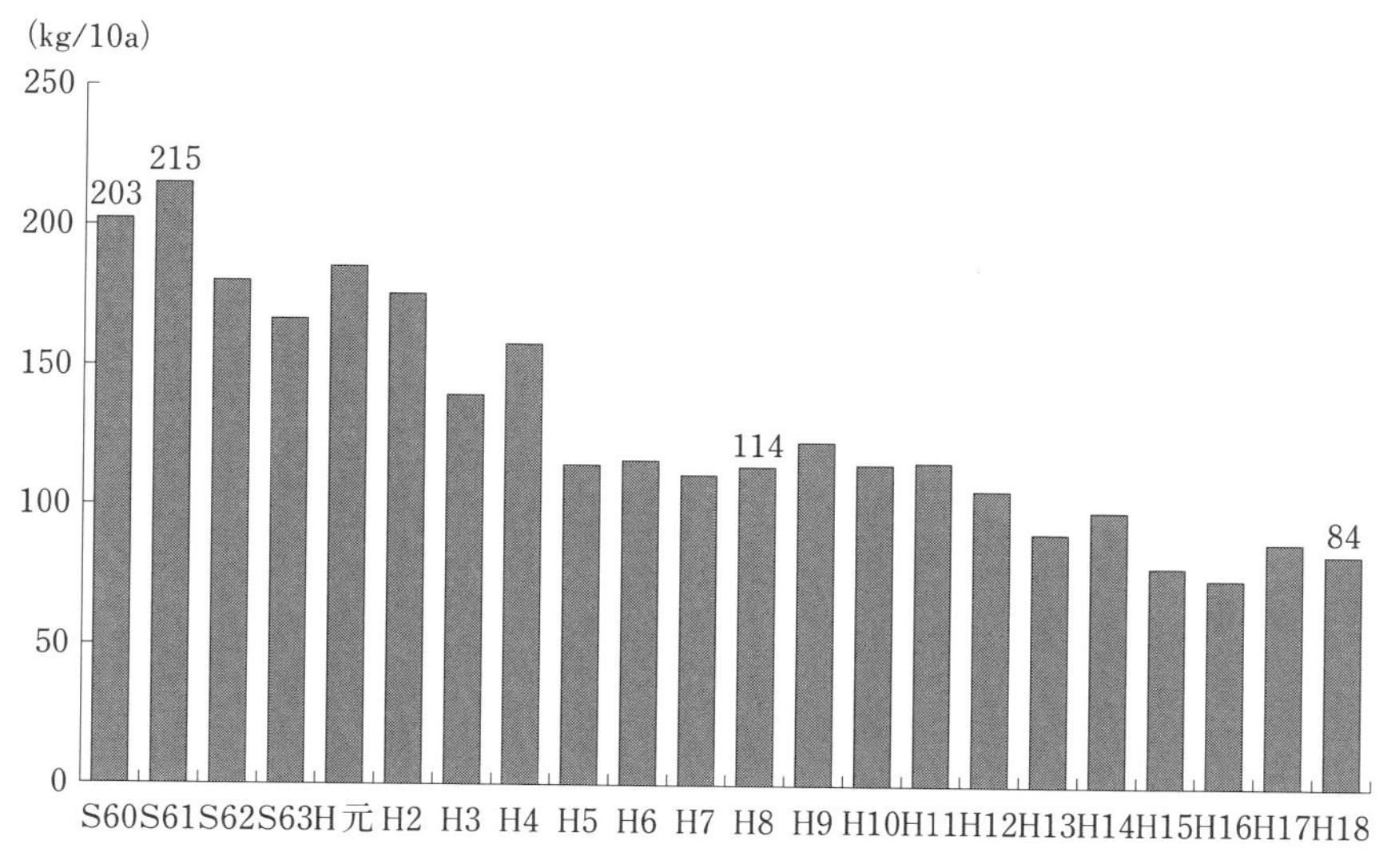

図３　堆肥施用量の推移

資料：農林水産省統計資料「米及び小麦の生産費」

入り、農林水産省は、「生態系の物質循環などを活かし、生産性の向上を図りつつ環境への負担を軽減した持続可能な農業」を環境保全型農業と位置づけ、環境に対する農業の公益機能の視点も加えてその推進を図ってきた。また、堆肥の施用等による土づくりは、土壌の養分保持能力を強化し投入された肥料成分の利用率を向上させるとともに、土壌病害虫等の被害軽減などにも効果が認められる場合が多いことから、環境保全型農業の推進に当たっても土づくりを基本としてきた。

しかし、わが国の農地土壌の実態をみると、農業労働力の減少・高齢化、耕種と畜産の分離等を背景に、①堆肥等有機物施用量の減少（図３）により、土壌中の有機物含有量が低下傾向にある一方で、②土壌養分については、土壌診断に基づかない施肥等の実施により、塩基やリン酸等の養分の過剰やバランスの悪化が顕著になるなど、地力の低下が顕在化している。地力の低下は、農地土壌が有する作物生産機能だけでなく、炭素の貯留機能や物質循環機能、水・大気の浄化機能、生物多様性の保全機能といった、環境保全上の重要な機能の発揮に支障を及ぼすことが懸念される。そのため、「今後の環境保全型農業に関する検討会（２００９年）」（以下「検討会」）が開催され、農地土壌管理のあり方が検討された。

5つの公益的機能の維持・向上へ

「検討会」では、農地土壌が有する5つの公益的機能（作物生産機能、炭素貯留機能、物質循環機能、水・大気の浄化機能、生物多様性の保全機能）を位置づけ、その維持・向上に高い効果が認められる営農活動（有機物の施用、土壌診断に基づく適正な施肥、不耕起栽培、土壌侵食防止のための土壌管理の推進、土壌改良資材の利用、多毛作・輪作の推進）の実施を通じて、農地土壌を保全することが必要としている。また、施策の展開方向として、①農地土壌に係るモニタリング体制等の強化、②技術指針の策定や技術指導等の促進（堆肥の施用拡大に向けた施策の展開、環境保全型農業技術の体系化・マニュアル化等の推進）、③農業者の取組を支える施策の充実（適正な価格での取引を推進するための表示・ブランド化等の推進、環境保全型農業に取り組む農業者に対する支援、農業環境規範の具体化を通じた普及の促進）、④環境保全型農業に対する国民の理解の増進を提起している。

「検討会」の指摘を受けて、「土壌管理のあり方に関する意見交換会（２００９年）」では、これまで稲わら堆肥のみであった堆肥の施用基準について、家畜ふん堆肥の施用基準の基本を示し、総窒素施用量・堆肥施用量の上限の設定、堆肥施用に伴う窒素・リン酸・カリの減肥に関する指導の徹底、水田土壌中の有効態リン酸含有量に係る上限値の設定の検討、普通畑土壌の電気伝導度に関する土壌改善目標値の見直し、地力の維持・増進の視点からの施用下限値、および、有機性資源の循環利用の促進の観点からの堆肥施用量の下限値の設定などを提起した。それらは、地力増進基本指針の改定に反映された。

さらに、「肥料高騰に対応した施肥改善に関する検討会（２０１０年）」では、土壌診断に基づく施肥設計の見直し・減肥基準策定の推進、地域有機資源の活用・施肥低減技術導入による施肥改善の推進、適正施肥・肥料低減技術導入に取り組む指導体制のあり方などを提起した。それらを受けて、各都道府県では土壌診断基準の改訂や減肥基準の策定等が進められている。

土壌診断に基づく土づくりと適正施肥を求めて

前述したように、世界で起こっている激しい土壌荒廃は、これまでの人口増を支えてきた農業の持続性の喪失につながる恐れがあり、環境への負荷を抑えつつ持続性の高い農業を行なっていく必要がある。わが国は温暖多雨な気候帯に位置するとともに、水涵養機能の高い森林と水田中心の土地利用が相俟って水資源が潤沢であり、環境に甚大な歪みを与えずに農業生産が可能な立地にあるといえる。そうした立地条件を活かして農業を持続し、生産性を高めていくことが必要と考えられる。そのためには、省力・低コストで効率の高い施肥技術とともに、環境保全型の土壌管理が必要であり、環境保全型の土壌管理では土壌診断によって現状を把握し、診断結果に基づく土づくりと適正施肥を進めることが重要である。

過剰と不足が混在する農地土壌の実態

「土づくり」とは、土壌肥沃度（地力、土壌生産力ともいう）の維持向上のために実施される土壌の性質（特に物理性・化学性・生物性）の改良行為で、通常、肥料や土壌改良資材などの土壌添加、また的確な耕耘などにより行なわれる。耕起作業を容易にする砕土性など土壌物理性の改善、土壌pHの適正化と緩衝機能の向上、土壌の保水性・通気性・湛水性の改善、作物養分の維持機能の増大、作物養分の供給機能の増大、土壌の生物性の改良などが目標となる（『NAROPEDIA』を参考）。

土づくりには、土壌の状態を識るための「土壌診断」が必要である。図4に、最近の土壌分析結果の一部を、水田・露地園芸・施設園芸の土地利用別に示した。その特徴を端的にいえば、養分等の過剰と不足の混在である。水田では低pHと有効態ケイ酸の不足、施設園芸では養分過剰が顕著であり、有効態リン酸は、すべての土地利用で過剰土壌の比率が高くなっている。

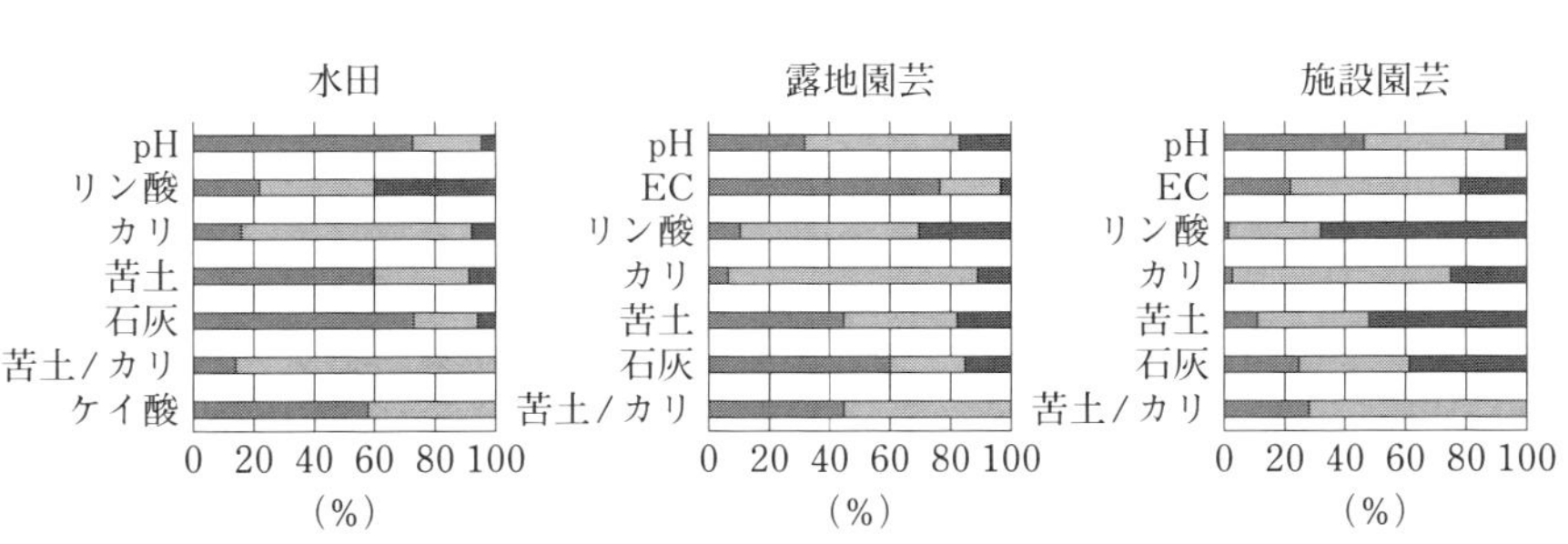

図4　水田、露地園芸、施設園芸における診断基準値に基づく土壌養分の分布割合
■不足域、■適正域、■過剰域　（全農グリーンレポート、No.492）

水田での地力窒素の低下、低pHとケイ酸の不足

今、わが国では、農業生産の基盤をなす水田をフル活用して水稲・ダイズ・ムギ等の持続的な生産性を高め、食糧自給力の向上と農業経営の安定を図る施策が進められている。これを支えるには、作物への養水分供給源であるとともに、根系を育んでくれる地力の維

(A)
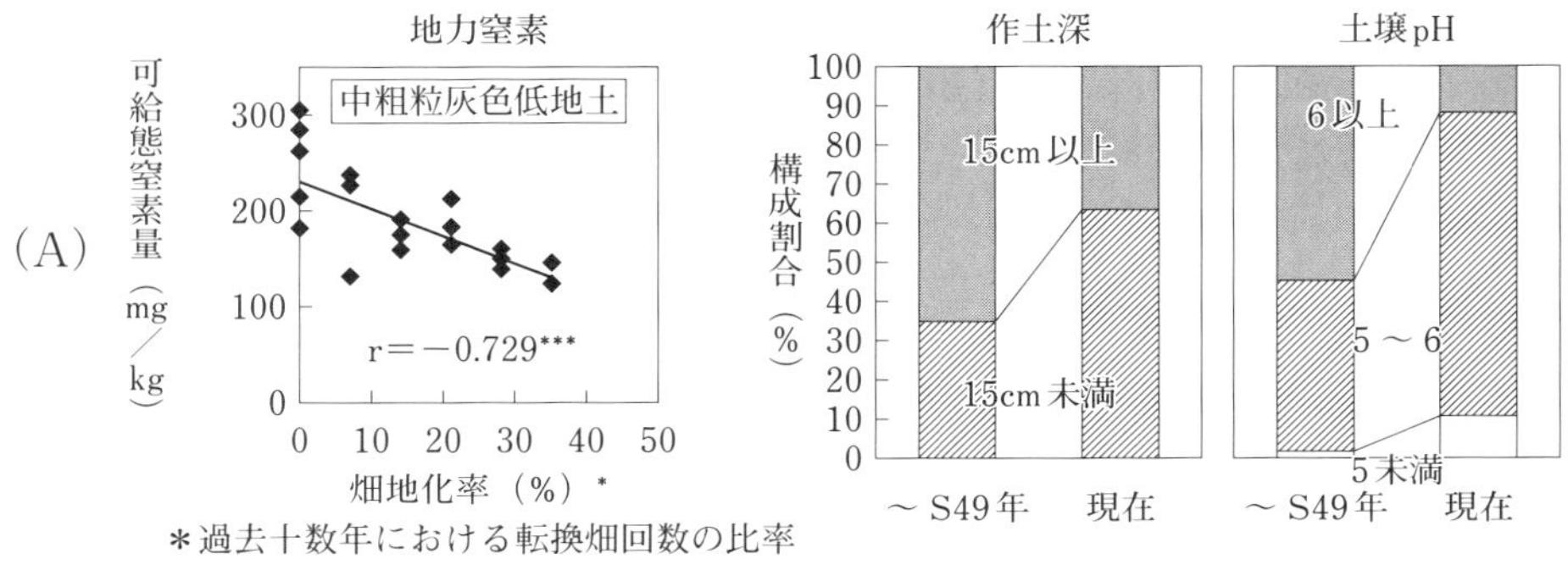

(B)

同一生産者の転換畑（左：転換初年目、右：ダイズ連作）

図5　水田転作の継続に伴う地力低下（A）と転作ダイズの生育低下（B）

（A）新良力也：長年の水田転作に伴う地力低下への対策技術（2012）、平成24年度東海大豆検討会資料（http：//www.maff.go.jp/tokai/seisan/nosan/daizu/pdf/h24toukaidaizu.pdf）

（B）西田瑞彦：積雪寒冷地水田における田畑輪換にともなう土壌肥沃度の変化とその対策（2014）、グリーンレポート、542（8）

持が重要であるが、近年、水田輪作土壌での地力低下が顕著になりつつある。水田土壌の地力低下をもたらす要因としては、生産者の高齢化や米価の低迷状況を背景に、土壌改良資材や堆肥施用量の減少など基本的な土づくりの停滞、田畑輪換でのダイズ作付け長期化に伴う地力窒素収奪量の増大、圃場整備や大型機械作業による土壌の圧密化・浅耕化などが挙げられている。その結果、pH・有効態ケイ酸含量・腐植含量の低下、可給態窒素の減耗、物理性の悪化などの地力低下が生じていることが、生産現場の調査でも示されている（図5）。

作物への最も顕著な影響では、輪作ダイズの低収化・小粒化の要因に可給態窒素の不足が挙げられ、驚くほど低い土壌pHは、輪作ムギの収量低下となる事例報告もある。水稲では、顕著な収量低下には至っていないものの、気候変動に伴う高温登熟障害の回避に、可給態ケイ酸や地力窒素の確保など土づくりの有効性が指摘されている。

対策となる土づくりは、輪作体系の中で効果を示す必要がある。例えば、ダイズの収量向上だけでなく水稲の品質を悪化させない可給態窒素水準の達成や、次作までの限られた期間に、麦桿等の残渣を適度に分解して根圏環境を悪化させない技術なども重要であろう。また、施肥を含めて省力・低コストのニーズを踏まえ、どのような対策技術をどの程度行なうかについて、生産者が納得できる経営的評価が必要である。その前提となるのが土壌診断である。

養分の過剰と要素間アンバランスがもたらすもの

野菜は一般畑作物に比べ多肥に強く、しかも集約的周年過作状況にあることから、野菜畑土壌では土壌養分の集積が進行している。とりわけ、施設野菜畑では灌水以外に降雨の影響を受けることがないため、露地野菜畑よりも養分の集積が多く、これに伴う生理障害が多発している。それらの生理障害は、要素そのものの過剰障害よりも、要素間のアンバランスやpHの変化に起因する要素欠乏、あるいは代謝異常による生理障害が数多くみられる（表1）。

地力診断で適正施肥と収益向上

土壌中の窒素は、大部分が有機態窒素の形で存在するが、一部は微生物により分解されて無機態の窒素になり、作物に吸収される。無駄な窒素施肥を減らし、低コスト化と環境負荷量軽減を実現するには、可給態窒素量（後述）を把握することが重要である。

秋冬レタスの産地である茨城県では、基肥のみの施肥体系であるが、初秋の高温期に定植するため、可給態窒素の影響を受けやすく、窒素が多すぎると、大玉球や形状の乱れが発生する。このため、商品性の高いレタスを生産するには、作付け前に、土壌に残存する硝酸態窒素、加えて栽培中に土壌から供給される可給態窒素（地力窒素ともいう）を考慮した施肥が必要であった。可給態窒素は、従来、長期間（4週間）の保温静置培養により評価されてきたが、これでは生産現場での施肥量を勘案する診断には使えなかった。それに対して、最近、農研機構等の共同研究により、畑土壌について、土壌採取から分析結果まで2日でできる「簡易迅速評価手法」が開発された。茨城県の秋冬レタス産地ではこの手法を活用して、秋冬レタスの適正施肥技術を構築した（JA全農「グリーンレポート」No.541）。レタス産地での検証では、商品価値の高いL果が多く、下位等級の発生が少ないなどの期待された効果が認められ、他の産地への普及拡大中となっている。

農研機構では、水田土壌可給態窒素の簡易迅速評価手法の開発を進めており、従来からその必要性が指摘されてきた地力窒素の評価手法が確立されれば、土壌診断に

表1　野菜の要素過剰による主な生理障害

野菜名	症状名	発生条件・原因など
キュウリ	葉脈褐変症	P過剰による　→　K吸収低下
	黄化症	P過剰による　→　Zn欠乏
	白変症	K過剰による　→　Mg欠乏
	グリーンリング	P過剰による　→　Mg欠乏
	褐色葉枯れ症	排水不良による　→　Mn過剰
メロン	肩こけ果	多肥による　→　Ca吸収阻害
	緑状果	N過剰・多水分による
	果面汚点症	多肥・多水分による　→　N吸収過剰
	発酵果	多N・多水・高夜温　→　C代謝異常
	小斑点症	P過剰による　→　K吸収低下
	葉枯れ症	K・Ca過剰による　→　Mg欠乏
	ヤツデ症	→　Mn過剰？
	褐色斑点症	床土蒸気消毒による　→　Mn過剰
スイカ	葉枯れ症	K・Ca過剰による　→　Mg欠乏
	つるぼけ	N過多
トマト	異常茎	N過剰吸収による　→　Ca・B吸収阻害
	尻腐れ果	高温・乾燥・NK過剰　→　Ca欠乏
	グリーンパック果	N/K比高・乾燥による　→　Ca欠乏
	グリーンゼリー果	N/K比高　→　Ca欠乏
	着色不良果	排水不良・塩類集積
ナス	がく割れ果	多Nによる　→　Ca吸収阻害
	石ナス果	多Nによる　→　水分吸収阻害
	鉄サビ症	排水不良・低pHによる　→　Mn過剰
ピーマン	尻腐れ果	高温・乾燥・多Nによる　→　Ca欠乏
イチゴ	奇形果	多Nによる　→　B欠乏
キャベツ	心腐れ症	N過剰による　→　Ca欠乏
	縁腐れ症	N過剰による　→　Ca欠乏
ハクサイ	心腐れ症	N過剰による　→　Ca欠乏
	縁腐れ症	乾燥・多Nによる　→　Ca欠乏
	ゴマ症	多N・日照不足による　→　Ca欠乏
	中肋さめ肌症	Ca過剰・高pH　→　B欠乏
タカナ	縁枯れ症	N過剰による　→　Ca欠乏
レタス	心枯れ症	高温・乾燥・高NKでの　→　Ca欠乏
	チップバーン	乾燥・多Nによる　→　Ca欠乏
セルリー	心腐れ症	N・K過剰による　→　Ca欠乏
ホウレンソウ	葉褐変症	→　P過剰？
	黄化症	高pHによる　→　Mn欠乏
	クロロシス	Mn過剰による　→　Fe欠乏
シュンギク	心枯れ症	乾燥・P過剰による　→　Ca欠乏
ネギ	葉先黄化症	排水不良・高EC・高NO_3・高P
タマネギ	黄化症	P過剰による　→　Zn欠乏
サトイモ	芽つぶれ症	乾燥・K過剰による　→　Ca欠乏
ダイコン	葉枯れ症	P過剰と養分のバランス
	褐色心腐れ症	Ca過剰・高pHによる　→　B欠乏
カブ	さめ肌症	乾燥・高pHによる　→　B欠乏

（土屋，1990より作制）

基づく地力水準の把握が容易になり、地力水準に配慮した適正施肥の推進が期待される。

人が土を守れば、土は人を守る

「人が土を守れば、土は人を守る」――これは1975年、1976年の土づくり推進運動ポスターの標語である。この標語をタイトルにしたJA全農の技術普及誌「グリーンレポート」（No.514）の記事がある。そこには、著者である吉田吉明氏の土づくりへの想いが滲み出ている。記事の中で、氏は続ける―『「土づくり」という概念は他の国にはなく、「土」に対する日本特有の考え方といわれている。生産力を維持・向上するために「土」が大切であるという思いと、各地に「土の神」があるように「土」に対する威厳と感謝の気持ちがこのような概念を作り上げてきたもので、〝農耕文化の遺伝子〟が今も受け継がれている……』。

そして、次のような荘内日報の記事を紹介している。

『……農民を上農・中農・下農に分けた古い農書の中から、「下農は雑草を、中農はイネを、上農は土をつくる」とする「作人上田」という諺を例に示し、上等の田畑にするためには、土を良くすることが最も重要であるとし、最後に、「土づくりは極めて地味で、手間暇・労力を必要とするため、敬遠されがちであった。基本的な技術は一年手を抜いただけですぐには現れない。それがいつしか、庄内の米の一部に品質と食味の低下となって表面化してきている。…（中略）

この記事から2～3年後に、高温障害による乳白粒の発生が顕在化し、今もなお米の品質低下は深刻化している……』。

1970年に始まった土づくり運動の45周年に当たる「国際土壌年2015」は、わが国農地の土づくりを改めて考える機会でもある。また、土壌の役割の重要性や現状に対する理解の醸成を、教育場面からしっかりと位置づけるとともに、広く一般に浸透させる取組を進めていくことも重要な課題である。

新潟の詩人、大関松三郎の「畑うち」には、こんなくだりがある。

『……たがやせば　畑から　たからがでてくるのだ。
汗をたらせば　畑から　たからになって　生まれてくるのだ。　うまいことを　いったもんだ。　けれどもそれは　ほんとのことだ。……』。

Liu Chen, Qinxue Wang, Motoyuki Mizuochi, Yonghui Yang and Sadao Ishimura 2008. Human behavioral impact on nitrogen flow - A case study of the rural areas of the middle and lower reaches of Changjiang river, China. *Agriculture, Ecosystems and Environment*, **125**, 84—92.

Matsumoto Naruo, Kobkiet Paisancharoen and Shotaro Ando. 2010. Effects of changes in agricultural activities on the nitrogen cycle in Khon Kaen Province, Thailand between 1990—1992 and 2000—2002. *Nutrient Cycling in Agroecosystems,* **86**, 79—103.

三輪睿太郎・岩元明久. 1988. わが国の食飼料供給に伴う養分の動態. 日本土壌肥料学会編. 土の健康と物質循環. 博友社. 117—140.

農林水産バイオリサイクル研究「システム化サブチーム」2006. バイオマス利活用システムの設計と評価. 農業工学研究所.

織田健次郎. 2006. わが国の食飼料システムにおける1980年代以降の窒素動態の変遷. 土肥誌, **77**, 517—524.

〈豊かな日本の土を活かし維持し続けるために〉

Franklin D. Roosevelt: "Letter to all State Governors on a Uniform Soil Conservation Law.," February 26, 1937. Online by Gerhard Peters and John T. Woolley, The American Presidency Project. http://www.presidency.ucsb.edu/ws/?pid=15373.

日高俊秀. 2010. 土壌分析の値からみた土壌の養分状況と改善への指針. グリーンレポート, 492, 3—4.

西田瑞彦. 2014. 積雪寒冷地水田における田畑輪換にともなう土壌肥沃度の変化とその対策. グリーンレポート, 542, 8—9.

農林水産省. 2010.「今後の環境保全型農業に関する検討会」報告書. http://www.maff.go.jp/j/study/kankyo_hozen/pdf/h2004_report.pdf.

折本美緒. 2014. 可給態窒素の簡易・迅速評価法を活用した秋冬レタスでの適正施肥. グリーンレポート. 541, 10—11.

Paul J. Crutzen. 2002. Geology of mankind. nature, 415(3), 23.

寒川道夫編著. 1951. 大関松三郎詩集「山芋」, 12—14, 百合出版.

土屋一成. 1990. 農業資材多投に伴う作物栄養学的諸問題1　野菜および畑作物の要素過剰の実態. 土肥誌. 61, 96—103.

吉田吉明. 2012. 人が土を守れば, 土は人を守る. グリーンレポート. 514, 18—20.

【引用および参考文献一覧】

〈砂漠化と風食〉

伊ヶ崎健大．2011．西アフリカ・サヘル地域での砂漠化とその対処技術．土壌肥料学雑誌．82巻5号．419―427．

〈地球に生まれた個性的な土壌たち〉

前島勇治・佐野修司．2001．中央アジアカザフスタン共和国南部巡検に参加して．ペドロジスト．**45**, 136―139．

永塚鎮男．1989．教師のためのやさしい土壌学①　土壌のはたらき．理科の教育．**38**, 352―356．東洋館出版社．

日本土壌肥料学会土壌教育委員会編．1998．土をどう教えるか？　新たな環境教育教材．pp.118．古今書院．

大羽裕・永塚鎮男．1988．土壌生成分類学．pp.338．養賢堂．

〈豊かで多様な日本の土壌〉

菅野均志ら．2008．ペドロジスト，**52**, 129―133．

日本ペドロジー学会（編）．2003．日本の統一的土壌分類体系，博友社．

〈田んぼと水田土壌が支えてきた「もの」と「こと」〉

安室知．2013．田んぼの不思議．pp.167．小峰書店．

土肥鑑高．2001．米の日本史．pp.223．雄山閣出版．

久馬一剛．2005．水田稲作と土．土とはなんだろうか．119―151．京都大学出版会．

松中照夫．2002．水田土壌．土壌学の基礎．251―266．農山漁村文化協会．

日本学術会議．2001．農業の多面的機能．地球環境・人間生活にかかわる農業及び森林の多面的機能の評価について（答申）．25―52．

Nishida M. *et al.* 2013. Status of paddy soils as affected by paddy rice and upland soybean rotation in northeast Japan, with special reference to nitrogen fertility. Soil Sci. Plant Nutr. 59. 208―217.

鳥山和伸．1990．田んぼは地球を救う．「土の世界」編集グループ編．土の世界 大地からのメッセージ．94―97．朝倉書店．

和田秀徳．1984．水田土壌．新土壌学．159―183．朝倉書店．

若月利之．1997．水田土壌．久馬一剛編．最新土壌学．157―178．朝倉書店．

吉田澪．2012．水田の土．やさしい土の話．131―152．化学工業日報社（2012）．

〈私たちの食が日本の土壌と環境を壊している〉

Frissel, M.J. 1976. Cycling of mineral nutrients in agricultural ecosystems. Elsevier, Amsterdam, 356pp.

終わりに

まず、ここまでお読みいただいた読者諸氏に対して心より御礼を申し上げる。さて、読者諸氏の心の中には何が残ったであろうか。差し出がましいようだが、ここで内容を整理させていただきたい。

一、私たちの歴史の中で文明の栄枯盛衰の立役者（あるいは黒幕か）の役割を果たしてきたのが土壌であり、今なお厳然として現代文明に対して生殺与奪の権を握っている。

二、土壌はさまざまなかたちで劣化しつつあり、世界各地で問題が顕在化している。その原因は主として土壌の不適切な利用という「私たちの所作（人為）」である。劣化のメカニズムはほぼ解明され、それに基づいた対策を講ずることは可能であるが、地域特異性が高いので、今後、さらなる研究が必要である。

三、土壌は歴史的自然体として生成しているので、その性質の多くは、時間軸を考慮した生態環境により、すでに決定されている。したがって、土壌は私たちの生存に関しては所与の条件と考えるべきであり、それを人為により「都合よく」大きく変えようとすると、土壌劣化という「不都合な真実」をみることになる。

四、わが国の文化であり私たちのアイデンティティの基幹をなす水田（農業）は、比較的環境に優しく、少ない土地で多くの人を養うことができる。私たちはその恩恵を享受してきたが、近年、地力低下が懸念されている。その問題解決は、環境との調和、コスト低減、食生活・嗜好の変化などの多くの要因を考慮せねばならないため、容易ではない。

五、土壌に関わる諸問題はすでにグローバル化の嵐の中に巻き込まれており、わが国のみならず世界を配慮しながら、解決策を考えなければならない。

いかがであろうか。たかが土、されど土。考えるべきことは山積しており、なすべきことは多すぎて優先順位をつけることは至難の業である。「はじめに」でご紹介した件の下宿屋のおやじが今健在ならば、こう宣うであろうことは想像に難くない。

「こらエライこっちゃなぁ。ま、お気張りやす」と。

他人事である。まさにこのおやじに代表される一般市民の方々はそう考えられるであろう。もちろん、考えるべきこと、なすべきことの多くは、それを本業とする私たち学会員の仕事であろう。しかし、私たちだけでは世の中を動かすことはできない。「動かすのは政策決定者であって、私たち市民ではないでしょう」と仰る読者も多いかもしれない。確かに、実際に決定するのは政治家（裏方の官僚を含む）や企業のCEOであろう。しかし、彼らといえども市民の意向を無視することはできない。いや、むしろ、彼らはそれに従うだろう。それが主流となるならば。「土壌のことを考えよう。そして、必要な行動を起こそう。」そのような社会意識の醸成こそが、前述のとおり、国際土壌年の目的である。

「難しいなあ。どうしていいか分からない。（忙しいから）こんなことに関わっていられない。誰かが（例えば政府が）考えてくれるだろう。何か決まれば、そのようにするから」。このように他人事として思考停止することは極めて危険である。いや、大きな悪行、犯罪であると言ってもよい。かのドイツ系ユダヤ人の哲学者・思想家であるハンナ・アーレントは、亡命先ニューヨークで著した『イェルサレムのアイヒマン』の中で、ユダヤ人虐殺に手を下したナチ収容所長アイヒマンの行為は彼独自の極悪非道性によるのではなく、普通の人間が陥る思考停止によるものであり、誰にでも起こり得る（彼女はそれを「悪の陳腐さ」と表現した）、そして、それはとてつもなく大きな犯罪を引き起こす、と訴えた。私は、少なくとも本書をご一読いただいた読者諸氏にあっては、決してアイヒマンにならずに「どうすればいいのか。何ができるだろう」とご自身に問い続けていただきたいと切に願うものである。

土壌劣化が顕在化するか否かは人為（人間の欲望）と環境の許容力のバランスで決まる。その昔、天変地異と称する自然災害（一部は人災的要素が含まれていたであろうが）は神の怒りと畏れられ、それを鎮めるために生贄が捧げられたのは洋の東西を問わない。人や羊など、一番あるいはそれに代わる極めて大切なものと交換に神の許しを乞うたのである。

さて現代はいかに。百年前とは比較にならないほどの大量のエネルギーを投入し、豊富な科学的知識と高度な技術力により、土壌を操作し（しているつもり）、身の回りの物質的快楽を追及し続けてはいまいか。それに対して土壌を含む環境から土壌劣化というイエローカードとともにツケ（生贄）の請求書を突き付けられているにもかかわらず。江戸っ子のように宵越しの金を持たないのなら、それはそれで潔い。しかし、私たちの身の回りを見渡せば、今のツケを払うくらいのオプション（例えば自動車、原発、グルメ志向の再考など）は持っている。ツケを払わねばどうなるかに関する予測も専門家は科学的根拠とともに提示している。にもかかわらず、決断がなされていない。しようとしない、先送りする、考えようとすらしない、と言うべきか。

国際土壌年が始まって早や三分の一が過ぎようとしている。来年になるまでに何らかの決断をしないと天罰が下るという訳ではないであろうが、その間にツケが増えることだけは確かである。そのうちに一発逆転の「代替エネルギー」満塁ホームランが出るさ、と高を括るのはあまりにオプティミスティックにすぎ、無責任と言わざるを得ない。

環境問題に正解はない、とよく言われる。しかし、正解があるのは高校までの試験勉強くらいであって、私たちを取り巻く社会での問題では正解があるほうが珍しい。現実的な解決法は関係者間・内の「すり合わせ」あるいは「調整」である。これはまさしく関係者が互いにある程度の犠牲を払う（我慢をする）ことに他ならない。今、市民（私たち学会員も含めて）の一人ひとりがしなければならないことは、どのような犠牲を払うかを考え、そのために必要なアクションを起こすことである。その方法は十人十色であっていい。国としての政策は一人ひとりの市民の最大公約数とすべきであることは民主主義の基本なので言うまでもない。

読者諸氏におかれては、さらに深く土壌に興味をお持ちいただき、考え、悩み、周りの人々と語らっていただくことをお願いしたい。国際土壌年のロゴマーク（図）が翻るところすべてが、諸氏はじめ市民に開かれたフォーラムである。「国際土壌年２０１５応援ポータル」サイト（http://pedologyjp/iys2015/）ではそれらの最新情報が入手可能である。願わくば、近いうちに各種イベントにて皆様にお目にかかれんことを。すべては、私たちの子供や孫たちを生贄に差し出すことをしなくてもよい未来を創造するために。

小﨑　隆

2015
国際土壌年

世界の土・日本の土は今
地球環境・異常気象・食料問題を土からみると

2015年 5 月 15日　第 1 刷発行

編　者　一般社団法人　日本土壌肥料学会

発 行 所　一般社団法人　農山漁村文化協会
〒107-8668 東京都港区赤坂7丁目6－1
電話　03(3585)1141(代表)　03(3585)1147(編集)
FAX　03(3585)3668　　振替　00120-3-144478
URL　http://www.ruralnet.or.jp/

ISBN978-4-540-14260-4　DTP製作／(株)農文協プロダクション
〈検印廃止〉　印刷・製本／凸版印刷(株)

定価はカバーに表示

土を健康に維持するための農文協の本

新版　図解　土壌の基礎知識
藤原俊六郎著
1800円＋税

土壌肥料についてわかりやすく図解した12万部の超ロングセラーを、新しい視点を付け加えて全面改訂した最新版。津波害、放射能汚染問題についても記述。基本的なことがよくわかるとともに、現場指導者にも役立つ。

肥料を知る　土を知る
農文協編
1143円＋税

知っているようで案外知らないのが、作物を育てるために使う肥料のこと、そして育てる土のこと。肥料の特徴と使い方、その土のルーツ、土壌生物を知り、上手に肥料を使って土を豊かにしていく知恵に満ちた一冊。

土をみる　生育をみる
農文協編
1143円＋税

作物が発信している生育情報を読みとる技術（生育診断）と育つ土の診断技術（土壌診断）、さらにそれらの情報（診断結果）をもとにした施肥設計の考え方と実際。「肥料を知る　土を知る」の姉妹書。

農家が教える　混植・混作・輪作
農文協編
1143円＋税

農薬がなかった時代、農家はどうやって病害虫を防いだのか？　最新の科学的な知見も含めて、作物同士の組合せと（混植・混作・輪作）害虫との相性など、農家の智恵とそのやり方を追究。

現代輪作の方法
多収と環境保全を両立させる
有原丈二著
1714円＋税

作物の養分吸収機構の最新知見から迫る輪作の新しい意義と方法。難溶性リンを吸収する作物を生かして増収とリンの有効活用を図り、有機物の吸収など冬作の特異な特性を生かして大半が秋〜冬に起こる窒素流亡を防ぐ。

（価格は改定になることがあります）